印象新
Lumion
材质灯光渲染与动画技术精粹

黄鸿章 编著

人民邮电出版社
北京

图书在版编目（CIP）数据

新印象：Lumion材质灯光渲染与动画技术精粹 / 黄
鸿章编著. -- 北京：人民邮电出版社，2022.8（2024.7重印）
ISBN 978-7-115-56950-9

Ⅰ. ①新… Ⅱ. ①黄… Ⅲ. ①建筑设计—计算机辅助
设计—应用软件 Ⅳ. ①TU201.4

中国版本图书馆CIP数据核字(2021)第143032号

内 容 提 要

本书全面细致地介绍了 Lumion 10.0 软件的使用方法，内容包括 Lumion 10.0 的基础知识、模型导入、模型操作、材质应用、灯光应用、特效、效果图与动画制作及特效参数等。其中第 2～5 章、第 7～8 章最后安排了相应的案例，通过案例练习，读者可以巩固软件的使用方法，掌握出图的正确步骤。

本书的配套学习资源包括案例源文件和在线教学视频，具体获取方法请参看"资源与支持"页。

本书主要针对 Lumion 软件的初学者，适合广大园林景观设计、建筑设计、规划设计等领域的相关从业人员和爱好者阅读使用，同时也可以作为相关培训机构的教学用书。

◆ 编　　著　黄鸿章
　　责任编辑　王　冉
　　责任印制　马振武
◆ 人民邮电出版社出版发行　　北京市丰台区成寿寺路 11 号
　　邮编　100164　　电子邮件　315@ptpress.com.cn
　　网址　http://www.ptpress.com.cn
　　北京七彩京通数码快印有限公司印刷
◆ 开本：787×1092　1/16
　　印张：16.5　　　　　　　　　　　　2022 年 8 月第 1 版
　　字数：461 千字　　　　　　　　　2024 年 7 月北京第 7 次印刷

定价：119.80 元

读者服务热线：(010)81055410　印装质量热线：(010)81055316
反盗版热线：(010)81055315
广告经营许可证：京东市监广登字20170147号

前言

建筑、景观设计行业的竞争日益激烈，对设计师出图效率和设计质量的要求也越来越高。目前市面上有许多针对建筑、景观设计的软件，这些软件各有优势，Lumion便是其中的佼佼者。Lumion因其强大的设计功能和极低的学习门槛，成为越来越多景观设计师、建筑设计师的首选设计工具。

在Lumion进入人们的视线之前，大部分设计师主要使用3ds Max或SketchUp配合VRay进行设计制作。制作一张效果图需要耗费较长的渲染时间，一旦模型有任何修改，就需要成倍的时间再次渲染效果图，对效果图的质量要求越高，渲染的时间就会越长。而动画制作就更加复杂了，需要的制作时间更多，一旦需要修改，相关制作人员面临的工作量也是成倍地增加，这还不包括软件因为长时间渲染而崩溃等问题浪费的时间。直到Lumion 8.0软件出现，改变了这一现状。

Lumion在2010年就已经发布了。Lumion 6.0以前的版本制作的效果图都不太理想，无法与同类渲染软件相比，以至于极少有人知道这个软件，且知道这个软件的人上手之后对其印象也不是很好。直到Lumion 8.0的出现，软件内置了许多3D树木、3D动态水和丰富的天空背景等模型，使软件的制作能力有了极大的提升，软件的渲染速度相比同类软件也快了很多，追求效果质量的同时也提高了制作的速度。

到2018年，Lumion在国内的普及度已经非常高了，许多优秀的景观、建筑效果展示视频都出自Lumion，也让我们真正认识到了这个软件的潜力。慢慢接触这个软件就会发现，相比同类软件，Lumion在制作动画和单帧渲染时要方便很多，也简单很多。一般的渲染软件需要调整的参数非常多，且所有参数调整完之后必须要渲染出来才能看到变化，有的调整不明显还不容易看出变化，而Lumion中的参数调整可以直接看到预览图，直观感受效果的变化。

本书介绍的是Lumion 10.0版本。与其他软件教程的写作顺序不同，本书采用实际工作中的设计顺序进行写作，这样读者在学习的过程中，不仅可以了解和掌握软件的使用方法，还可以明白正确的出图顺序。希望读者在阅读完本书后，不仅能掌握使用软件的技能，还能养成高效合理的工作习惯。

本书共分为8章，第1~6章是软件基础部分；第7章主要是综合案例，带领读者完整地制作了室内和室外场景；第8章是总结的各种现成的特效参数，读者可以直接套用这些参数出图，也可以参考这些特效参数制作自己喜欢的风格效果。

本书适合从事建筑、景观效果图渲染行业的初学者，以及所有想学习Lumion效果图渲染和动画渲染的朋友们。由于编者水平有限，书中难免存在错漏之处，敬请广大读者批评指正。

编者

2022年5月

资源与支持

本书由"数艺设"出品，"数艺设"社区平台（www.shuyishe.com）为您提供后续服务。

配套资源

书中案例源文件及在线教学视频

资源获取

在线视频

提示：微信扫描二维码，点击页面下方的"兑"→"在线视频+资源下载"，输入51页左下角的5位数字，即可观看视频。

"数艺设"社区平台，为艺术设计从业者提供专业的教育产品。

与我们联系

我们的联系邮箱是 szys@ptpress.com.cn。如果您对本书有任何疑问或建议，请您发邮件给我们，并请在邮件标题中注明本书书名及ISBN，以便我们更高效地做出反馈。

如果您有兴趣出版图书、录制教学课程，或者参与技术审校等工作，可以发邮件给我们。如果学校、培训机构或企业想批量购买本书或"数艺设"出版的其他图书，也可以发邮件联系我们。

如果您在网上发现针对"数艺设"出品图书的各种形式的盗版行为，包括对图书全部或部分内容的非授权传播，请您将怀疑有侵权行为的链接通过邮件发给我们。您的这一举动是对作者权益的保护，也是我们持续为您提供有价值的内容的动力之源。

关于"数艺设"

人民邮电出版社有限公司旗下品牌"数艺设"，专注于专业艺术设计类图书出版，为艺术设计从业者提供专业的图书、视频电子书、课程等教育产品。出版领域涉及平面、三维、影视、摄影与后期等数字艺术门类，字体设计、品牌设计、色彩设计等设计理论与应用门类，UI设计、电商设计、新媒体设计、游戏设计、交互设计、原型设计等互联网设计门类，环艺设计手绘、插画设计手绘、工业设计手绘等设计手绘门类。更多服务请访问"数艺设"社区平台www.shuyishe.com。我们将提供及时、准确、专业的学习服务。

目录

目录

目录

目录

Lumion 10.0 入门

第 1 章

　　Lumion是一款非常方便快捷的制图软件，在保证作品质量的前提下可以极大地提高工作效率，并且软件学习难度较低。通过对本章的学习，读者可以初步了解Lumion的软件界面和一些基本的设置，为后期软件的学习打下基础。

◆ **本章学习目标**

1.了解Lumion起始界面

2.掌握新建场景的方法

3.熟悉Lumion自带的文件

4.熟悉Lumion工作界面

5.熟悉Lumion的基本操作方式

6.掌握界面中各选项的功能

1.1 Lumion 10.0起始界面

Lumion 10.0起始界面包含"新的""输入范例""电脑速度""读取""保存""另存为"6个系统选项，以及一些与Lumion相关的"新闻及教程"，如图1-1所示。Lumion各个版本的操作方式基本相同，版本升级是对软件自身渲染效果、特效及效率的升级。

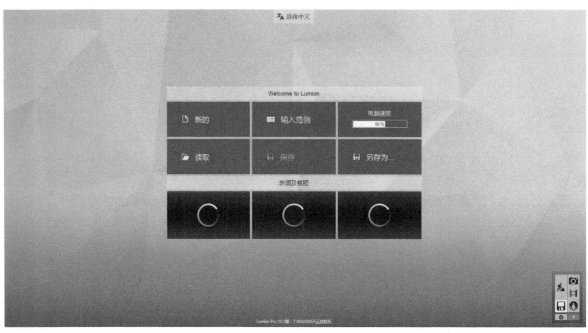

图1-1

1.1.1 新建场景

在起始界面中单击"新的"选项，可以加载6个基础场景和一个"选择模型"选项，如图1-2所示，单击"选择模型"选项可以加载外部场景文件。系统自带的6个基础场景，在不用自行建模的情况下完全能够满足正常的渲染需求。

图1-2

1.1.2 Lumion自带文件

在起始界面中单击"输入范例"选项，可以加载软件自带的案例场景，其中包含9个案例场景，如图1-3所示，单击图片即可直接加载案例场景。9个场景涵盖了室内场景、室外场景和建筑场景，较为全面地展示了Lumion在各个场景的应用案例。使用者可以根据自己的需求把9个案例中的模型替换为自己的场景，直接进行效果图渲染，这是一种直接且快速的场景取材方法，同时也可以从中学习场景的布置方法。

图1-3

1.2 Lumion 10.0工作界面

以第一个案例场景为例，加载场景后进入Lumion基本操作界面，左下角为功能区，右下角为菜单栏和设置选项框，右上角为状态栏，左上角为图层选项栏，如图1-4所示。

图1-4

1.2.1 基本操作方式

1. 选取、复制、移动及对齐物体（适用于模型相关操作）

按住[Ctrl]键的同时按住鼠标左键并拖曳，可以进行框选。

按快捷键[Alt] + [A/W/S/D]可以复制所选物体。

按[Esc]键可使用鼠标直接拖曳来移动物体，按 [H]键可调整物体的高度，按 [R]键可对物体进行旋转。

按下[G]键，临时关闭捕捉。在移动或插入物体时按下 [G]键可临时关闭对物体的捕捉。

按下[F]键，在移动物体时，除树和植物外，可将物体的方向与山坡的法线方向对齐。

按快捷键[Ctrl] + [F]，在移动物体时，可将所选的单个物体与其下面物体的方向对齐。

按快捷键[Shift]+[A/W/S/D]可以临时关闭捕捉。关闭捕捉会导致所移动的物体飘在空中或与其他物体重叠。

2. 保存摄像机设置（保存摄像机的位置）

保存摄像机设置适用于【天气/山水/导入/物体】模式。

按快捷键[Ctrl] + [1~9]，保存9个摄像机的位置，[1~9]键载入所保存的对应摄像机的位置。

3. 高分辨率纹理贴图

高分辨率纹理贴图适用于【导入模型】模式。

4. 手动更新灯光及用于反射的天空立体贴图

手动更新灯光及用于反射的天空立体贴图适用于所有模式。

按快捷键[Ctrl]+；，手动更新天空立体贴图及照明（通常此贴图仅在更新了天气部分的天空/照明后，才会被更新)。

5. 导航

导航操作适用于【天气/山水/导入/物体/动画模式（拍照）】模式，如表1-1所示。

表1-1

按键	功能
[W] / [↑]	向前移动摄像机
[S] / [↓]	向后移动摄像机
[A] / [←]	向左移动摄像机
[D] / [→]	向右移动摄像机
[Q]	向上移动摄像机
[E]	向下移动摄像机
[Shift]+[W/S/A/D/Q/E]	双倍速移动摄像机
按住鼠标右键并拖曳鼠标	摄像机四处环顾
按住鼠标中键并拖曳鼠标	平移摄像机

6. 杂项

特殊按键功能如表1-2所示。

表1-2

按键	功能
[F1]	显示质量1
[F2]	显示质量2
[F3]	显示质量3
[F4]	显示质量4
[F5]	快速保存（自动覆盖）
[Ctrl]+[F11]	全屏显示
[F11]	最大窗口显示、显示/不显示任务栏

1.2.2　功能区

　　Lumion功能区分为物体、材质、景观和天气4个类别，如图1-5所示。单击这些选项会展开对应的子选项，如图1-6~图1-9所示。

1. 物体功能区

　　物体功能区分为导入新模型、模型选择、模型放置和撤销与取消选择4个选项组，如图1-10所示。

图1-5

图1-6

图1-7

图1-8

图1-9

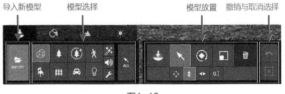

图1-10

导入新模型

　　单击"导入新模型"选项■后出现一个对话框，找到需要导入的模型文件夹，单击"打开"按钮便可导入模型。Lumion支持3ds Max、Revit、ArchiCAD、Rhino、SketchUp等软件生成的模型。导入场景的所有模型都会出现一个控制点，如图1-11所示，此后对模型的所有操作均通过该控制点实现。

图1-11

模型选择

该选项组是可以方便使用者快速选择已经导入场景的模型，共有12个选项，其中9个选项为模型分类，分别是导入模型、自然、精细细节自然对象、人和动物、室内、室外、交通工具、灯光、特效，还有两个分别是声音、设备/工具，最后一个选项为选择所有类别的模型。单击需要选择的模型类型对应的选项（也可多选），视口内就只会出现该选项对应的模型的控制点。以交通工具模型为例，单击"交通工具"选项，视口就只会出现交通工具类模型的控制点，如图1-12所示。

模型放置

该选项组中有模型放置、模型选择、绕Y轴旋转、缩放与删除模型5个选项，这5个选项都需要配合前面"模型选择"选项组中的选项使用。

单击"模型放置"选项，下方出现加载组选项，加载组选项的功能与导入新模型的功能相同。以自然为例，单击模型分类中的"自然"选项就会出现模型库，其中包含了系统自带的所有模型，单击即可将其放入场景中，如图1-13所示。

图1-12

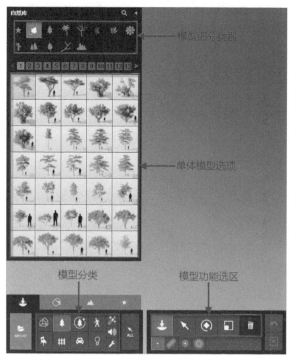

图1-13

同时，单击"模型放置"选项 ⬇ 时，下方会出现4个功能选项，如图1-14所示。第1个选项是"常规放置单个模型"；第2个选项为"线性阵列放置模型"，单击该选项后在场景中选择两点作为放置模型的路径，之后出现选项卡，在选项卡中可以调整路径上模型的数量和方向，也可以选择随机选项，如图1-15所示；第3个选项为"群组放置模型"，单击该选项后放置模型为不规则放置，且不能进行设置；第4个选项为"绘图放置模型"，类似"群组放置模型"，单击后同样不能进行设置。

图1-14

图1-15

在场景中选择需要调整的模型的控制点，然后单击"选择"选项 ↖ ，如图1-16所示，即可对选择的模型进行移动。精确移动时需要在右侧"位置"选项组内输入具体数值，如图1-17所示。

图1-16

图1-17

单击需要旋转的模型的控制点，然后单击"方向"选项 ◉ ，拖曳参数条即可旋转模型，如图1-18所示。

图1-18

单击需要缩放的模型的控制点，然后单击"尺寸"选项 ▫ ，拖动参数条即可缩放模型，如图1-19所示。

图1-19

单击"删除"选项 🗑 ，如图1-20所示，然后单击需要删除的模型的控制点，即可直接删除模型。

撤销与取消选择

Lumion与其他软件不同，不能撤销多步操作，撤销选项只有"撤销当前操作"和"取消所有选择"两个选项，如图1-21所示。

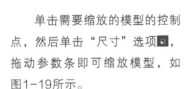

图1-20

撤销当前操作

取消所有选择

图1-21

2. 材质功能区

材质编辑器主要用来编辑导入场景中的模型材质，单击导入场景中的模型材质，就可以对其进行材质更换和调整，如图1-22所示。系统自带材质库包含"各种""室内""室外""自定义""新的"5个材质类别，每个材质类别又细分出了多个类别。

图1-22

技巧与提示

单击需要调整的模型材质，左下方会出现模型的材料属性面板，如图1-23和图1-24所示。单击材质列表即可进入软件自带材质库进行材质调整，如图1-25所示。单击材质贴图可以更换材质贴图，单击材质法线贴图可以更换材质法线贴图，材质属性选项组可以用来调整材质的具体数值。

图1-23

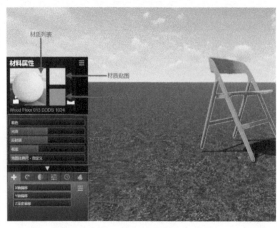

图1-24

图1-25

各种材质

各种材质包含二维草、三维草、岩石、土壤、水、森林地带、落叶、陈旧和皮毛9类材质，如图1-26所示。其中三维草和皮毛是Lumion 9.0 pro版本新增的功能，使用之后可以得到定制草坪和仿真皮毛的效果。

图1-26

室内材质

室内材质包含布、玻璃、皮革、金属、石膏、塑料、石头、瓷砖、木材和窗帘10类材质，几乎涵盖了室内所有的材质，如图1-27所示。

室外材质

室外材质包含砖、混凝土、玻璃、金属、石膏、屋顶、石头、木材和沥青9类材质，几乎涵盖了室外基本的材质，如图1-28所示。

图1-27

图1-28

新的材质

新的材质包含广告牌、颜色、玻璃、纯净玻璃、无形、景观、照明贴图、已导入材质、标准、水和瀑布11个材质自定义选项，如图1-29所示。软件自带材质不能满足用户需求时，可以通过自定义工具自行创建材质。

材料属性

通过调整材料属性可以改变材质原有的参数，单击材料属性面板下方的三角按钮▲可以显示扩展设置，如图1-30和图1-31所示。调整完材质参数后单击右下角的"确认"按钮保存，单击"取消"按钮可以取消当前操作。

图1-29

图1-30

图1-31

技巧与提示

材质扩展设置包含位置、方向、透明度、设置、风化和叶子6个材质属性选项，可以进一步调整材质的属性，使材质达到设计需求，如图1-32~图1-37所示。

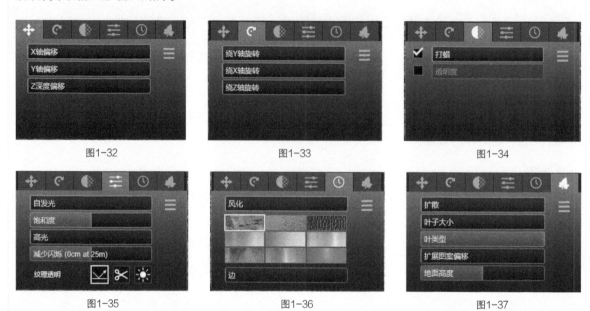

图1-32　　　　　　　　　　图1-33　　　　　　　　　　图1-34

图1-35　　　　　　　　　　图1-36　　　　　　　　　　图1-37

3. 景观功能区

景观功能区主要用来编辑场景的景观，可以塑造地形、建造山地或者湖泊。其中有6个工具选项，如图1-38所示。

高度

地形制作工具，可以利用地形塑造工具在场景中塑造山地或湖泊的地形，通过画笔属性调整笔刷尺寸及画笔速度，如图1-39所示。

水

水制作工具，在模型库中可以选择多种水的模型，如图1-40所示。

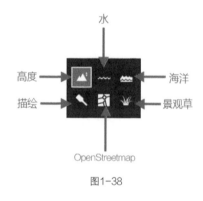

图1-38

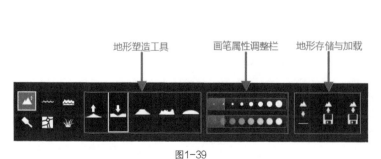

图1-39

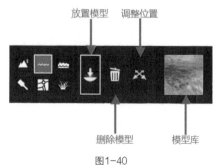

图1-40

海洋

场景中一般默认关闭海洋选项，如图1-41所示。打开后，开关右侧会出现调整海洋属性的选项，并且场景会变成海洋场景，通过这些选项可以调整海面波浪强度、风速、混浊度、高度、风向、颜色等属性，如图1-42所示。

图1-41

图1-42

描绘

描绘工具类似画笔和填充工具，可以调整需要的材质，也可以直接在场景中修改场景材质，单击图片就可进入景观类型设置，如图1-43所示。

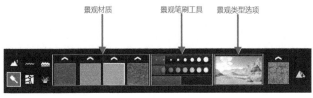

图1-43

技巧与提示

　　景观类型不同,对应的地面、山体和绿地也不一样,如图1-44所示。单击以选择景观材质,在场景中按住鼠标左键拖曳即可修改场景材质,如图1-45所示。

图1-44

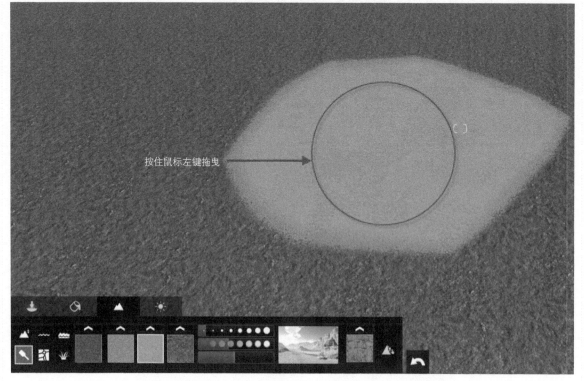

图1-45

OpenStreetmap

OpenStreetmap是一个可编辑的网上地图，单击可以连接世界地图。选取需要的街区，可以直接导入街区的模型文件，在一定程度上还可以还原显示街景，是一个非常方便的功能。使用该功能时需要连接到网络，单击开关按钮，系统就会自动连接网络。

景观草

场景中一般默认关闭景观草选项，如图1-46所示。打开后，开关右侧会出现调整景观草属性的选项，如图1-47所示。场景地面材质会变成三维立体的草模型，在右侧的选项中可以选择添加草地上的植被。

图1-46

图1-47

技巧与提示

　通过景观草选项可以调整地面草层尺寸、草层高度及草层野性。草地材质虽然只有系统自带的植被类型，但完全可以满足大部分外景效果图的制作需要，单击下方箭头进入材质库，如图1-48所示。单击材质框显示植物属性，可以调整草地属性，如图1-49所示。

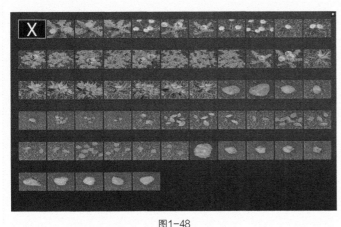

图1-48

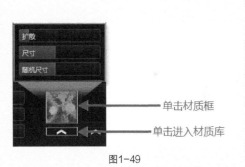

单击材质框

单击进入材质库

图1-49

4. 天气功能区

天气功能区主要用来编辑场景中的太阳方位、太阳高度、云彩密度、太阳亮度和云彩类型，如图1-50所示。

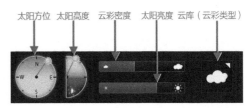

太阳方位　太阳高度　云彩密度　太阳亮度　云库（云彩类型）

图1-50

太阳方位

调整太阳方位可以改变自然光照的方向，从而改变亮面和阴影面的位置。

太阳高度

调整太阳高度可以模拟太阳在一天24小时内的运行状态，改变投影长度。

云彩密度

调整云彩密度可以改变天空中云彩的密度，如图1-51和图1-52所示。

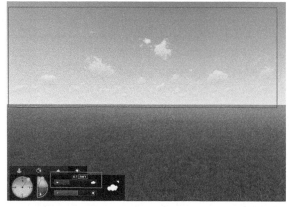

图1-51

图1-52

太阳亮度

太阳亮度可以调整整体场景自然光照的亮度。

云库

云库可以更换天空中云彩的类型,软件自带9种云彩类型,如图1-53所示。

图1-53

1.2.3 菜单栏

菜单栏位于工作界面的右下角,其中包括编辑模式、拍照模式、动画模式、文件、360全景、设置和提示7个选项,如图1-54所示。

1. 编辑模式

在编辑模式下可以对模型场景进行编辑操作,从起始界面选择场景到进入场景都默认在编辑模式式下。

2. 拍照模式

拍照模式用于平面效果图渲染及摄像机视角保存。单击即可进入拍照模式界面,如图1-55所示。

图1-54

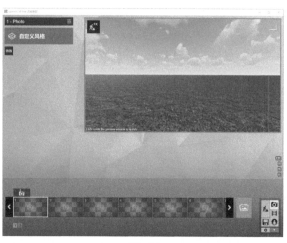

图1-55

3. 动画模式

动画模式用于视频动画编辑及渲染。单击即可进入动画模式界面，如图1-56所示。

4. 文件

单击"文件"选项🖫可以直接返回Lumion起始界面。

5. 360全景

360全景用于全景效果图渲染，出图后可以上传到全景效果图合成的网站生成最终全景效果图。单击即可进入360全景界面，如图1-57所示。

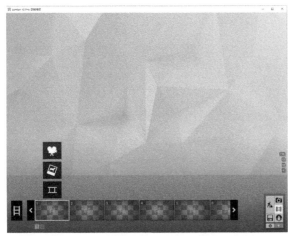

图1-56

图1-57

6. 设置

单击"设置"选项⚙可以进入设置界面，如图1-58所示。

7. 提示

❓图标没有具体命名，笔者称其为"提示"，它的作用在于帮助初学者更快地了解Lumion各个界面的功能。将鼠标指针悬停在该图标上，界面上就会出现文字提示（以起始界面为例），如图1-59所示。

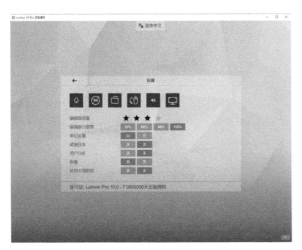

图1-58

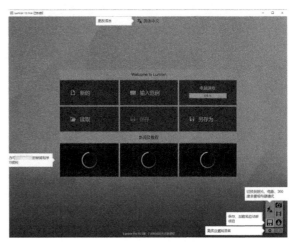

图1-59

1.2.4 命令栏

命令栏即快捷命令提示栏，位于菜单栏上方，将鼠标指针悬停在每个快捷键提示上或直接单击快捷键按钮时都会出现文字描述。

在"模型放置"模式下，系统会提示常用的7个关于放置模式的快捷键，分别是地面捕捉（G）、放置对象时随机大小（V）、放置当前对象的10个副本（Ctrl）、高度（H）、缩放（L）、绕Y轴旋转（R）、相机环绕（O），如图1-60所示。

在"模型选择"模式下，系统会提示常用的8个关于选择模式的快捷键，分别是地面捕捉（G）、符合景观（F）、仅沿Z轴移动对象（Z）、仅沿X轴移动对象（X）、水平移动对象（Shift）、移动对象并在其位置保留副本（Alt）、绘制方形选区（Ctrl）、相机环绕（O），如图1-61所示。

图1-60

图1-61

在"模型旋转"模式下，系统会提示常用的5个关于旋转模式的快捷键，分别是将标题与模型表面对齐（F）、多个物体同时旋转时鼠标选择位置与物体的关系相对独立（K）、关掉旋转时的角度捕捉（Shift）、绘制方形选区（Ctrl）、相机环绕（O），如图1-62所示。

在"缩放"和"删除"两个模式下，只有绘制方形选区和相机环绕两个快捷功能。

图1-62

1.2.5 状态栏与图层功能区

状态栏在工作界面的右上角，仅有两个图标。▣为相机高度，单击该图标会自动将相机视角调整到默认的1.6m高度；▣不是一个具体的功能设置选项，用于显示内存占用率，鼠标指针悬停在上方时可以显示文件的具体数据。

图层功能区在工作界面的顶端，默认自动隐藏部分区域，如图1-63所示。

图1-63

默认状态下，将鼠标指针放置在工作界面顶端时，会显示图层数量及自动隐藏的图层按钮，如图1-64所示。单击可取消自动隐藏功能，使图层功能区始终显示。

👁 Layer 1　👁 Layer 2　👁 Layer 3　👁 Layer 4　👁 Layer 5　+

图1-64

1.3 Lumion基本设置

单击界面右下角的"设置"选项 ⚙ 即可打开 Lumion "设置"界面，如图1-65所示。

图1-65

"设置"界面参数介绍

⚙：用于启用或禁用高质量树。开启该选项，Lumion中的植物在编辑状态下将会更清晰，更加接近后期效果图。但开启该选项也会增加计算机运行的负担。

◎：用于启用或禁用自动高质量预览。开启该选项，在编辑状态下所有物体都会更加清晰，更加接近最后出图的状态。和高质量树对比，开启该选项需要增加更多的运行内存。

▯：用于启用或禁用输入板输入。该选项在外置拓展硬件时使用。

⟨⟩：用于启用或禁用鼠标反向功能。

▪：用于启用或禁用声音。

▭：用于启用或禁用全屏。

编辑器质量：分4个等级，一般默认开启高空云品质。4个等级的质量都会直接影响到计算机的运行速度，可根据需要自行调整，一般保持默认即可。

编辑器分辨率：分4个分辨率等级，默认开到100%，这样不会影响整体预览效果。该选项一般情况保持默认，也可根据实际运行速度做相应调整。

单位设置：分公制单位和英制单位，一般根据实际情况自行调整。

错误日志：默认处于关闭状态，开启后会将错误日志写入计算机磁盘，此选项一般保持关闭。

用户分析：默认处于关闭状态，开启后会将使用的数据实时传输到Lumion服务器帮助改善Lumion，此选项一般保持关闭。

恢复：默认处于开启状态，这个选项可以帮助使用者应对因为各种原因突然关闭软件的情况，可以恢复软件关闭前的文件状态，找回丢失的文件。在意外关闭软件后重启时将会出现提示框，如图1-66所示。可选择丢弃或恢复文件，单击 恢复 按钮即可找回文件；单击 丢弃 按钮，将无法再次找回文件。

图1-66

使用大缩略图：默认处于关闭状态，开启后会放大模型库的缩略图。

第 **2** 章 Lumion 模型导入

效果图制作的第一步就是导入模型，正确导入模型可以避免在后期制图过程中遇到问题，避免反复修改的重复性工作。通过对本章的学习，读者可以了解模型的导入方法，以及学会常见问题的解决方法。

◆ **本章学习目标**

1.了解导入模型时容易遇到的问题

2.掌握模型的导入方法

3.掌握位置的调整方法

4.学会建立自己的模型库

2.1 材质黑面与导入模型失败

在导入模型的时候，有时会遇到一些问题，如直观能看到的材质黑面及模型导入失败等。这些问题属于前期建模的遗留问题，只有不断提升前期的建模技术，才能减少这类问题的产生。

材质黑面通常是指从外部导入Lumion的模型表面材质为黑色，与建模时调整的颜色不一致。出现这样的情况，通常是因为在前期建模时没有统一模型的面，存在反面的情况，这时重新打开之前用的建模软件，将模型的面统一即可。

除了材质黑面，还有一个很常见的问题，就是导入模型失败。这个问题通常是前期建模时模型文件版本过高导致的，因此将其保存为低版本即可解决问题。

技巧与提示

　模型导入失败的问题基本只存在于低版本的Lumion中，最新版的Lumion几乎都可以直接导入，不需要再保存低版本的模型文件。

2.2 模型导入

模型导入分为整体导入和分批导入。整体导入的优点是方便快捷，可以一次性将全部的模型导入Lumion中，而缺点也非常明显，那就是后期不能直接在Lumion中调整模型，每次调整都需要使用建模软件调整保存后重新刷新。

分批导入的优点是后期调整模型时，可以对单个模型进行调整，而缺点是建模时需要将模型分成单个的模型文件，一个一个进行导入，操作起来比较烦琐。

2.2.1 整体导入

Lumion作为一款渲染软件，其工作原理基本上是将外部已经建好的模型直接导入，然后进行材质调整，最后渲染出图。所以Lumion只能调整模型的材质，并不能直接对模型进行修改。在Lumion中导入模型时不能批量导入，只能以文件为单位，一次导入一个文件。

以SketchUp建模为例，首先创建一个平面，然后在上面创建两个独立的长方体，如图2-1所示。

将该模型直接保存为一个文件，在导入Lumion后会作为一个整体且只有一个控制点，如图2-2所示。

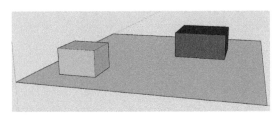

图2-1

图2-2

如果想要移动两个长方体在平面上的位置，只能通过修改模型源文件的方式进行，因为在Lumion中只能将整体进行移动，无法直接调整长方体在平面上的位置。使用SketchUp将模型移动到需要的位置后保存（直接单击保存，不需要重新命名），此时不用再次导入新的模型，只需要在Lumion中单击"选择"选项，然后单击模型的控制点，就会在视口的右上方出现一个面板，如图2-3所示，单击图标就会得到已经修改过的模型。如果模型文件位置或文件名称更改过，长按Alt键并单击图标，直接找到模型文件夹即可。

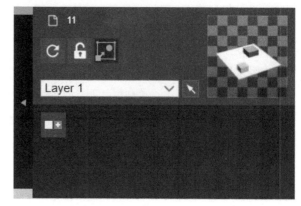

图2-3

2.2.2 分批导入

分批导入是在整体导入的基础上将整体中的每个模型单独保存为一个文件，然后逐个导入Lumion中。

以SketchUp建模为例，首先创建一个平面，将其单独保存为一个文件并命名，然后将创建的第1个长方体单独保存为一个文件并命名，接着再创建一个长方体单独保存后命名，最后将3个文件逐个导入Lumion中，导入时单击场景地面确定导入模型的位置。3个文件导入后会看到场景中共有3个控制点，如图2-4所示。

通过这3个控制点就可以对模型进行单独编辑，这是分批导入与整体导入最大的区别。

图2-4

2.3 模型定位轴

在Lumion中对外部导入及内部自带的模型进行编辑时，必须通过控制点来完成。因此，控制点是非常重要的，学会使用控制点编辑模型，可以极大地提高工作效率。

2.3.1 Lumion自带模型控制点

Lumion中自带的所有模型控制点均在模型底端的中心位置，并且不可以改变。Lumion自带模型的控制点可以用于基本的移动和缩放操作，同时单击控制点，右上方会出现一个面板，通过在面板中调整选项可以改变模型的颜色及模型自带的一些特殊参数。

　　对于植物类模型，单击控制点后，在面板中可以修改植物模型的透明度、绿色区域色调、绿色区域饱和度和绿色区域范围，如图2-5所示。

　　精细细节自然对象模型和植物类模型一样，单击控制点后，在面板中可以修改植物模型的透明度、绿色区域色调、绿色区域饱和度和绿色区域范围，如图2-6所示。

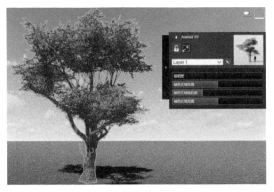 

图2-5　　　　　　　　　　　　　　　　　　图2-6

　　对于人物和动物类模型，单击控制点后，在面板中可以修改模型的染色，如图2-7所示，但是染色只能有模型原色、黑色和白色3种。

　　对于室内模型，单击控制点后，在面板中可以修改模型主体的颜色和亮度，如图2-8所示。

 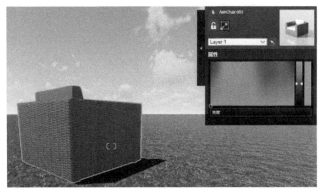

图2-7　　　　　　　　　　　　　　　　　　图2-8

　　室外模型大部分不能修改参数，小部分模型可以修改颜色参数。

　　对于汽车类模型，单击控制点后，在面板中可以修改汽车模型的颜色及灯光的亮度，默认灯光亮度是0。下面还有一个"展示驱动"参数，开启后汽车的轮子就会一直转动，主要用于动画制作，如图2-9所示。

　　单击灯光模型控制点后，在面板中可以修改灯光的"颜色""亮度""锥角""显示光源""激活夜晚""影子"等参数，如图2-10所示。单击色板区域可以直接改变灯光的颜色；拉动"亮度"参数系可以调整灯光的亮度；拉动"锥角"参数系可以调整灯光的角度范围；"显示光源"默认是关闭状态，如果打开，出图后可以看到光源；"激活夜晚"默认是关闭状态，打开或开启"随机"选项后灯光会在白天默认关闭，在夜晚自动开启；"影子"有中、高和动态3个等级，这个参数直接影响场景中灯光照射下形成的影子的质量，默认是中，如果想要得到更好的效果，可以选择动态等级的选项。

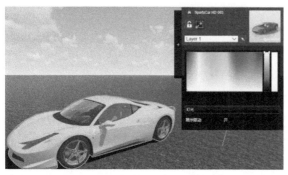
图2-9

图2-10

2.3.2 Lumion外部导入模型控制点

Lumion中外部导入的模型控制点与自带模型不同，模型控制点的位置取决于建模时建模空间的轴点位置。因此，外部导入的模型控制点的位置是可以修改的。此处以SketchUp建模为例，从轴点出发建立一个长方体模型，如图2-11所示。

此时模型的一个角所在的位置为模型空间轴点的位置，导入Lumion后可以看到模型的控制点就在模型的左下角，与SketchUp模型空间内的轴点位置是对应的，如图2-12所示。

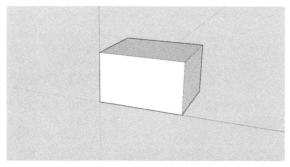
图2-11

图2-12

因此在建模时只要从轴点出发建模，就不会存在导入模型后找不到模型控制点或控制点与模型距离过远的情况。若遇到这两种情况，就可以确定模型位置偏离了模型空间的轴点，然后进行改正。

此处是以SketchUp为例，换成其他软件也是一样的，3ds Max、Revit和ArchiCAD等建模软件若出现此类问题，基本都可以通过调整模型与轴点间位置的方式改变控制点的位置。

从外部导入Lumion的模型的控制点可以用于基本的移动和缩放操作，还可以通过材质选项对其材质进行修改调整。单击控制点后，右上方出现的面板中还有一个"导入新变体"选项，通过该选项可以在原来模型的基础上再导入一个与之不同的模型，单击数字可以切换需要显示的模型，如图2-13所示。

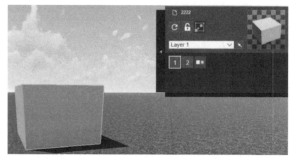
图2-13

2.4 模型库文件导入

Lumion这个软件最擅长的领域是室外景观和建筑外观表现，而其中很大一部分功劳都归功于Lumion软件中的天气系统和植物模型，良好的光线搭配植物模型可以做到非常逼真的效果。在Lumion中渲染效果图时，采用Lumion自带模型库中的模型，出图效果都不会差，但Lumion自带模型库中的模型有限。因此，模型库也是可以根据自身需求进行拓展的，拓展模型库的模型来源有很多，可以通过自己建模，也可以在网上直接购买个人设计师制作的模型，还可以购置官方的模型拓展包。

首先在桌面上找到Lumion软件的图标，在图标上单击鼠标右键，然后选择打开文件所在的位置，即可直接找到Lumion的安装文件夹。在安装文件夹中找到Trees文件夹，Trees文件夹就是模型库中的植物模型所在的文件夹。该文件夹中有10个文件夹，是模型库中植物模型的分类，如图2-14所示。将提前准备好的植物模型放入对应分类的模型文件夹即可。重新打开Lumion后，在模型库中就能找到新导入的模型。

上面的方法也适用于人物模型、室内模型、室外模型和汽车模型等。使用上面的方法将提前准备好的模型文件粘贴到对应的Lumion安装文件夹，就可以实现模型库拓展。

Broadleaf	2020/1/31 14:52	文件夹
Cactus	2020/1/31 14:52	文件夹
Clusters	2020/1/31 14:52	文件夹
Conifers	2020/1/31 14:52	文件夹
Flower	2020/1/31 14:53	文件夹
Grass	2020/1/31 14:53	文件夹
Leafless trees	2020/1/31 14:53	文件夹
Legacy	2020/1/31 14:53	文件夹
Palm	2020/1/31 14:53	文件夹
Plants	2020/1/31 14:54	文件夹

图2-14

2.5 模型导入练习

本节以一个案例讲解如何在Lumion中导入模型及导入模型后的参数设置。此处依旧以SketchUp模型为例，因为在众多的软件中，SketchUp与Lumion的联动性最好，同时SketchUp用起来也更方便和快捷。

01 首先使用建模软件创建出需要的模型，然后准备好需要导入的模型并调整好模型所在坐标轴的位置，并保存好模型文件，命名时最好使用数字或英文命名，这里使用一个已经在SketchUp中建好的亭子模型，如图2-15所示。

图2-15

02 打开Lumion软件，单击"导入新模型"选项 后，在"打开"对话框中找到已经保存好的模型文件并单击"打开"按钮，如图2-16所示。

03 在弹出的"导入模型"窗口中，相关设置保持默认即可，单击 图标，如图2-17所示。

图2-16　　　　　　　　　　　　　　　　　　图2-17

04 完成操作后进入Lumion的编辑模式界面，确定好模型在场景中的位置，单击即可完成模型的放置，如图2-18所示。

05 这时就完成了模型的导入。若要对导入的模型进行操作，单击"选择"选项 ，然后单击模型控制点，便可以对模型进行移动、缩放等一系列操作。单击"导入模型"选项 后再单击"模型放置"选项 ，就可以打开已经导入的外部模型库，在模型库内可以看到之前导入的亭子模型，如图2-19所示。

图2-18

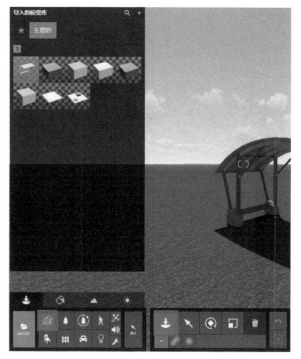

图2-19

技巧与提示

　　放置模型时，在场景内单击就可以完成放置，放置完成后再次单击会再放置一个模型到场景中。如果完成放置后要取消操作，只需要按Esc键。Lumion中没有撤销的快捷键，若放置了多余的模型，可以单击"删除"选项 ，然后在场景中找到需要删除的模型的控制点，单击控制点就可以删除模型，删除后也是不可恢复的。

第 **3** 章 Lumion 模型操作

制作场景时需要对模型进行选择、移动、缩放、旋转等操作，使各个模型有序组合起来，最终构成一个完整的场景。本章将介绍模型的一系列操作方法，通过学习本章内容，读者可以熟练地对模型进行操作。

◆ **本章学习目标**

1.掌握选择模型的方法

2.掌握调整导入模型各项参数的方法

3.掌握移动、缩放、旋转和删除模型的方法

4.学会创建模型群组

3.1 模型选择

3.1.1 通过类别选择模型

Lumion中的模型分为11类，分别是导入模型库、植物模型库、精细细节植物模型库、人物动物模型库、室内模型库、室外模型库、交通工具模型库、灯光模型库、特效模型库、声音模型库和设备工具模型库。要在Lumion中选到需要的模型，必须根据要选择模型的类别来选择。

在场景中放置几种类别的模型，如要从中选择出植物类模型，首先单击"自然"选项，然后再单击"选择"选项，这时场景中的植物模型就会出现控制点，单击控制点就可以选中植物模型，如图3-1所示。

选择其他类型模型的方法和选择植物类模型的方法相同。选择类别后，场景中只会出现该类别模型的控制点，这样可以避免选到其他类别的模型。

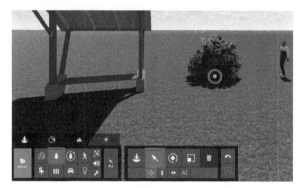

图3-1

3.1.2 多项选择模型

需要多选模型时，首先确定模型类别并单击模型类别选项，按住Ctrl键并用鼠标单击需要的模型，如图3-2所示。当把鼠标指针放置在模型控制点上时，模型控制点的颜色会从白色变成绿色，当选择到模型时，模型控制点的颜色会从白色变成蓝色，通过颜色可以判断是否已经选中了模型。

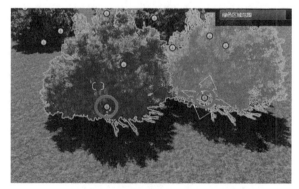

图3-2

选择模型时，在弹出的模型信息面板中，模型缩略图的右下角会显示已经选中的模型的数量，如图3-3所示。显示选中的模型数量的另一种方法是按住Ctrl键，并在场景中按住鼠标左键拖曳形成选框并框选模型，框选模型时选框左上方会出现框选到的模型的数量，如图3-4所示。

图3-3

图3-4

以上讲的是对单一类别模型的选择，若要同时选择到其他类别的模型，可以直接单击"选择所有类别模型"选项，这时视口中所有类别的模型都会显示出控制点，如图3-5所示。单击或框选模型的控制点即可完成选择。

还可以通过图层的方式全选模型。单击视口中的一个模型控制点，右上方会弹出一个面板，在面板内单击"选择此层中的全部"选项就可以直接全选图层Layer 1中的模型，通过单击按钮可以切换图层，如图3-6所示。

图3-5

图3-6

3.2 模型移动

选中模型的控制点后就可以对模型进行移动，模型的移动有"自由移动""向上移动""水平移动""键入移动"4个选项。

3.2.1 自由移动

选择"自由移动"选项后，通过选择模型并按住鼠标左键拖曳的方式就可以移动模型，拖曳时视口中会显示一个圆点及拖曳后模型的控制点与圆点之间的距离，如图3-7所示。

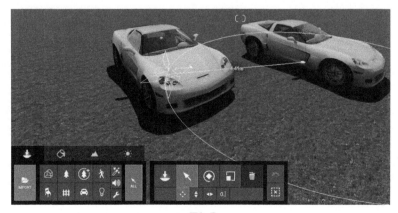

图3-7

选择"自由移动"选项■移动模型时，模型位置会受场景中其他模型或场景地形的影响，若是直接移动就会出现图3-8所示的情况，仅仅只是改变了高度，没有改变角度。

在移动时长按快捷键F就可以捕捉到地形或其他模型，根据地形自动调整模型在地形上的角度，如图3-9所示。

图3-8   图3-9

3.2.2 向上移动

选择"向上移动"选项■可以调整模型的高度，这个选项只能用于调整高度。单击控制点并长按鼠标左键进行拖曳，结束后会显示拖曳的距离，如图3-10所示。

图3-10

3.2.3 水平移动

选择"水平移动"选项■后，会限制移动时模型的高度位置，限定只能进行水平移动。移动时按住快捷键Z会将移动的方向保持在z轴上，如图3-11所示。

若移动时按住快捷键X，则会将移动的方向保持在x轴上，如图3-12所示。

图3-11   图3-12

3.2.4 键入移动

选择"键入移动"选项▣可以直接输入坐标修改模型的位置，在右侧位置选项框内分别输入X、Y、Z的数值可以确定具体位置，如图3-13所示。

Lumion中的坐标轴不同于其他软件的坐标轴，Lumion中的x轴和z轴分别对应常规软件中的x轴和y轴，而Lumion中的y轴对应着常规软件中的z轴，表示高度。

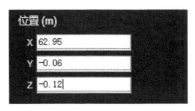

图3-13

3.3 模型缩放

选中模型后，单击"缩放"选项▣，右侧会出现"尺寸"选项面板，如图3-14所示。

在场景中从模型控制点出发，按住鼠标左键进行拖曳即可实现模型的缩放，也可以通过拖曳"尺寸"选项面板内的参数条调整模型大小，模型尺寸的缩放数值范围为0.001~1000，且缩放数值不能叠加。对于从外部导入的模型，若缩放数值达到上限，将不能再在Lumion中更改，但可以通过返回建模软件修改后再次导入实现修改。Lumion自带模型库中的模型缩放如果达到上限，就不能再缩放了。

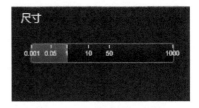

图3-14

使用"缩放"选项▣缩放后，要撤销缩放的操作，可以直接单击"撤销"选项↶，每次撤销只能撤销到上一步操作。若操作时选择了其他功能选项，将不能再进行撤销操作。

3.4 模型旋转

选中需要旋转的模型，单击"旋转"选项◎，右侧会出现"方向"选项面板，如图3-15所示。

"方向"选项面板中有3个参数条，分别是x轴、z轴和y轴的参数条，拖曳参数条可以改变模型的方向，按住Shift键拖曳参数条可以降低旋转的倍数。

还可以通过在视口中直接拖曳模型控制点旋转模型，拖曳时可以捕捉到45°角，同时四周会显示坐标方向，如图3-16所示。

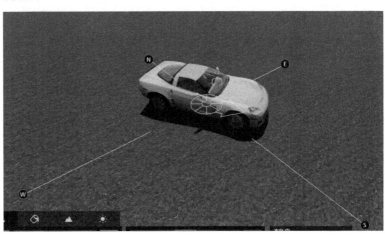

图3-15

图3-16

3.5 关联菜单

Lumion中也有其他建模软件中的成组功能，并且Lumion中的成组可以用来统一修改模型的参数。

长按Ctrl键并按住鼠标左键在视口中拖曳框选需要成组的模型，单击右上方面板中的"添加到组"选项■，就可以将框选模型成组，此时模型成为一个整体，模型控制点也统一到一个点，如图3-17所示。

成组后，右上方的面板如图3-18所示。

图3-17

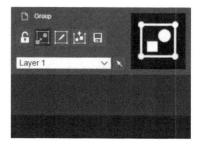

图3-18

单击"解锁与锁定"选项■可以锁定或解锁模型，锁定模型后将不能再对模型进行编辑。

单击"编辑组"选项■可以进入组内，对组中单个模型进行修改或编辑。

单击"解组"选项■即可分解组。

单击"保存组"选项■可以将成组的模型以组为单位保存到模型库，方便再次使用时调出。

3.6 模型删除

在界面左下方的选项中单击"删除"选项■，同时选择要删除模型的类别，以免误删，因为删除只能撤销一次删除操作。如果通过逐个单击控制点删除了两个模型，单击撤销则只能恢复一个模型；如果一次性框选删除了多个模型，单击撤销则会恢复全部删除的对象。

删除模型必须通过单击模型控制点实现，直接点到模型是不能进行删除的。在模型过多无法确定模型控制点时，可以通过单击模型使模型控制点从白色变成红色，如图3-19所示，以此将要删除的模型与其他模型区分开，以免误删。

图3-19

3.7　案例练习

本节将通过庭院小景和室内布局两个案例，深入讲解Lumion中模型的各种操作。两个案例基本涵盖后期独立使用软件时可能会遇到的问题，在后期独立操作时可以在这两个案例的基础上进行延伸，并自行探索和学习。

3.7.1　庭院小景

依照庭院小景在建模软件中制作一个基础的模型。以SketchUp模型为例，如图3-20所示。

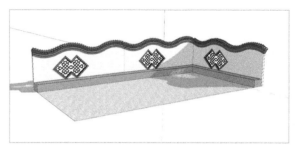

图3-20

01 打开Lumion软件，这里选择一个较为丰富的场景，如图3-21所示。

02 打开场景后，单击"导入新模型"选项，在文件夹中找到之前保存的模型文件，打开模型，然后在场景中找到适合放置模型的位置，单击地面放置模型，完成放置后按Esc键取消继续放置，得到图3-22所示的效果。

图3-21

图3-22

03 此时会发现地面冒出了许多草，这是由于建模时地面只建了一个面，没有给厚度，加上本身场景地面上的草有一定高度，所以就会冒出地面。这里可以到建模软件中修改模型，也可以在Lumion中直接调整高度使模型整体高于地面草。单击"选择"选项后再单击"向上移动"选项，找到模型的控制点，按住鼠标左键直接向上拖曳就可以调整模型的高度，如图3-23所示。

图3-23

04 完成模型调整后，开始放置场景内的植物模型，单击"自然"选项，然后单击"模型放置"选项打开植物模型库，如图3-24所示。

05 选择"花卉"选项，展开花卉模型库，如图3-25所示。

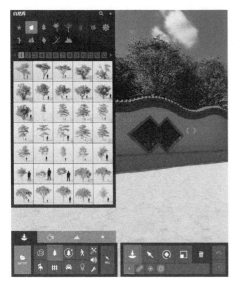

06 单击需要放置的花卉模型，再单击花台内部平面的位置放置模型，如图3-26所示。

图3-24　　　　　　　　　图3-25　　　　　　　　　图3-26

07 放置模型时可以利用"模型放置"选项 ⬇ 下方的 这4个功能选项提高效率。这里可以选择"路径放置"选项 ✐，单击选项后在花台中单击起点位置，然后到另一端单击直线终点位置，如图3-27所示。

08 这里的花台是一个L形的花台，因此还需要一条路径放置花卉，可以通过再次确定起点和终点来放置一条直线路径，但这里已经放置了一条路径，所以可以在这个基础上按住Ctrl键继续在场景中单击一个点，得到一个L形的路径，如图3-28所示。

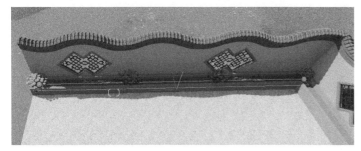

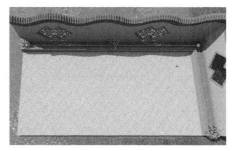

图3-27　　　　　　　　　　　　　　　　图3-28

09 这时会发现路径上放的植物太少，可以通过拖曳下方面板中的参数条调整"项目数""方向""随机方向""随机跟随线段""线段随机偏移"参数，如图3-29所示。

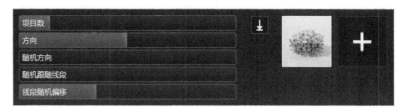

图3-29

10 如果觉得只放一种花卉过于单一，可以选择植物模型库里的其他植物，然后单击选项框右边的 ➕ 按钮增加路径上植物的种类。拖曳"项目数"参数条增加植物数量后，完成数量和种类的调整，效果如图3-30所示。

11 整个场景看起来还是比较空，可以在花台边再放置一些户外的椅子，单击"室外"选项 ▦，然后单击"模型放置"选项 ⬇ 展开室外模型库，如图3-31所示。

图3-30　　　　　　　　　　　　　　　　　　　　　图3-31

12 第1页就有户外的椅子，直接单击需要的模型图标即可。将鼠标指针放到场景中时会发现，椅子的方向与实际需要的方向不一致，这时有两种方法可以改变模型方向。第1种是直接将椅子模型放到场景中，随后通过"旋转"选项 ⬛ 和"移动"选项 ⬛ 进行调整；第2种是将鼠标指针放到场景视口中，按住快捷键R直接拖曳调节方向，如图3-32所示。

13 调整好方向后，根据实际情况将模型放置到合适的位置，如图3-33所示。

图3-32　　　　　　　　　　　　　　　　　　　　　图3-33

14 至此，这个场景就基本完成了。选择拍照模式，打开后默认效果是现实的效果，调整好角度，如图3-34所示。如果还觉得场景空，可以自行到室外模型库中找一些模型丰富场景。

图3-34

15 单击"渲染照片"选项，展开出图参数面板。"附加输出"选项右侧有6个功能选项，依次是深度图、法线图、高光反射通道图、灯光通道图、天空Alpha通道图和材质ID图，下面还有4个效果图尺寸，如图3-35所示。

图3-35

选择印刷尺寸 后在"另存为"对话框中确定文件的保存位置及名称，然后单击 Lumion 10 Pro 正版授权 按钮开始渲染，得到的效果如图3-36所示。

大家可以根据这个案例，找一些生活中的景观场景进行模仿练习。

图3-36

3.7.2 室内布局

01 根据案例练习的主题准备一个室内空间模型，新建并打开Lumion场景，导入并确定室内模型在场景中的位置，如图3-37所示。

02 通过W键、A键、S键和D键移动摄像机视角到室内，如图3-38所示。

图3-37

图3-38

03 通过观察室内空间布局，构想出合适的家居布局，然后在模型库选择需要导入的家具模型文件（也可以导入自己制作的家具模型文件），单击"室内"选项，再单击"模型放置"选项打开室内模型库，如图3-39所示。

04 在模型库上方分类选择需要放置的家具类型，单击家具图标，然后单击室内空间地面放置家具。一般Lumion中自带模型库里模型的尺寸都是不需要自己缩放的，自带模型的尺寸一般都是根据实际家具的尺寸定的，通过移动和旋转调整好家具的位置和方向，得到初步的布置效果，如图3-40所示。

图3-39

图3-40

05 基本的家具放置完成后，对室内空间进行进一步丰富和完善，加入部分软装，使整体更加饱满，如图3-41所示。

06 此时就基本完成了一个室内空间的布置。若有更多想法，可以继续完善场景，完成后就可以开始准备出图。首先进入拍照模式界面，如图3-42所示。

图3-41

图3-42

07 打开后看到的是原始画面，单击界面左上方的"自定义风格"选项，如图3-43所示，进入风格选择界面。

图3-43

08 风格选择界面中都是已经调好参数的选项，只需单击需要的风格，就可以应用到效果图中，就像美化照片的软件中一键美化照片功能一样，这些选项对于新手来说是非常好用且快捷的。选择"现实的"风格选项，如图3-44所示，提升画面质量。

09 单击软件界面右上方的效果预览窗口，如图3-45所示。

图3-44

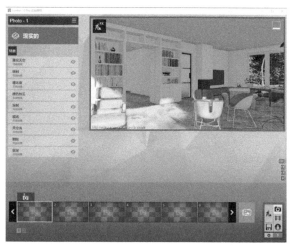

图3-45

10 单击效果预览窗口后就可以通过W键、A键、S键和D键移动调整摄像机视口，找到合适的角度后，直接单击"渲染照片"选项，进入效果图设置界面，如图3-46所示。

11 选择需要的图片尺寸并单击就可以直接出图了，得到初步的效果图，如图3-47所示。

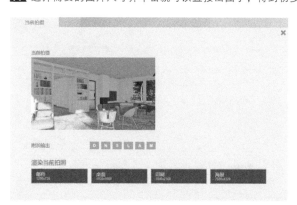
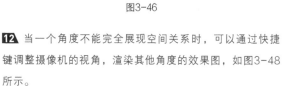

图3-46

图3-47

12 当一个角度不能完全展现空间关系时，可以通过快捷键调整摄像机的视角，渲染其他角度的效果图，如图3-48所示。

以上是室内布局的全部内容，更多渲染相关内容会在后面的章节详细讲解，此处只对模型导入和模型放置进行操作演示。

图3-48

Lumion 材质应用

第 4 章

　　一张好的效果图一定是由合理的布局、逼真的材质、极致的光影效果及后期处理4个步骤完成的。掌握材质应用是每个制图软件的非常重要的知识点，本章将讲解Lumion中的材质应用，全面展示各种材质。

◆ **本章学习目标**

1.掌握各类材质的特性及应用

2.掌握自定义材质的方法

4.1 材质编辑前期准备

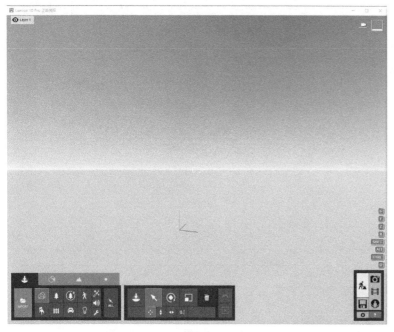

图4-1

打开Lumion软件，在默认场景中选择需要的场景，单击加载进入软件编辑模式，如图4-1所示。

直接单击"材质"选项  进入材质编辑器是无法打开材质库的，如图4-2所示，因为在Lumion中必须要有可以编辑的模型材质面才可以进入材质库。

图4-2

在Lumion中要对材质进行编辑，首先要在前期建模时区分材质。只要前期建模时对模型进行了材质粘贴，都是可以直接到软件中编辑的。如果多个模型整体是一个颜色或一种材质，在Lumion中就会将其识别为一个整体，对单个模型进行修改时整体都会改动，所以模型在导入Lumion之前必须做好材质区分。

这里以用SketchUp创建的模型为例进行演示。建模时准备6个正方体模型和6个球体模型，这样方便展示材质，同时也能对比材质，并为每一个正方体模型和球体模型粘贴一种材质，分成6种不同材质，如图4-3所示。

准备好模型后，单击"导入新模型"选项 📦，在文件夹中找到事先准备的模型文件，在场景中打开并确定位置，如图4-4所示。

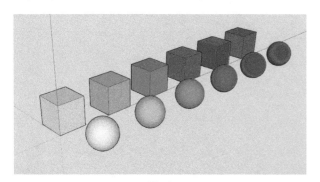

图4-3

图4-4

单击"材质编辑器"选项，同时将鼠标指针放置在第一组材质模型表面，这时可以看到这两个相同材质的模型是相关联且呈绿色显示的，如图4-5所示。单击材质表面即可进入材质库，如图4-6所示。

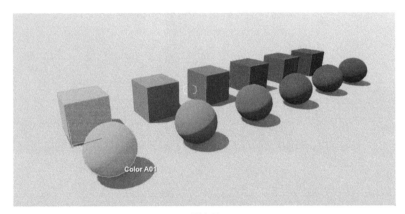

图4-5

图4-6

Lumion软件自带的模型是不能进行材质编辑的，只有外部导入的模型才能进入材质库编辑材质。在材质库中选择需要的材质后单击图标，就可以替换模型的材质。完成编辑后，单击软件界面右下角的☑图标就可以将材质编辑保存到模型；若单击✖图标，表示撤销材质编辑并还原上一步保存的材质编辑。材质设置的步骤和方法大部分相同，这里会选择部分材质参数进行讲解。

4.2　自然类材质

单击材质库材质分类中的"各种"选项打开自然类材质列表，可以看到自然材质中有二维草、三维草、岩石、土壤、水、森林地带、落叶、陈旧和皮毛9个类别，如图4-7所示。

图4-7

4.2.1　二维草

二维草中共有35个类型的草地材质，每个材质都是平面的，单击其中一个材质就可以替换掉选择的模型的材质，如图4-8所示。

再次单击场景中已经粘贴材质的模型表面就可以打开材质编辑面板，如图4-9所示。

单击材质编辑面板最下方的三角形按钮▲可以展开更多设置选项，如图4-10所示。

图4-8　　　　　　　　　　　　图4-9　　　　　　　　　　　　图4-10

部分材质有特殊编辑选项，二维草属于普通材质，同大部分材质一样只能编辑常规选项，一般参数不需要修改，其中"着色""光泽""反射率""视差"选项需要根据场景需求及使用者对材质的理解进行调整。二维草的所有材质都属于平面材质，因此不会太占内存。

4.2.2　三维草

在场景中单击第2组模型表面开启材质库，选择自然类材质后再选择三维草材质库选项，如图4-11所示。

三维草属于三维材质，共有14种材质，选择其中一种作为展示粘贴到模型中，如图4-12所示。通过对比可以明显看出三维草与二维草的不同之处，三维草比二维草更加逼真和立体。单击模型表面进入材质编辑面板，如图4-13所示。

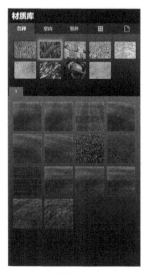

图4-11　　　　　　　　　　　　图4-12　　　　　　　　　　　　图4-13

三维草的材质编辑面板不同于二维草，三维草可以调整的参数基本都是立体参数。

参数介绍

RGB：通过RGB选项可以选择基本色调，再通过拖曳着色参数条调整颜色纯度。

重力：该选项基本是针对侧边材质的，通过拖曳参数条可以改变三维草的重力。当重力值为0时，位于模型侧面的三维草就会整体向上长；当重力值为1时，位于模型侧面的三维草就会整体向下长，如图4-14和图4-15所示。

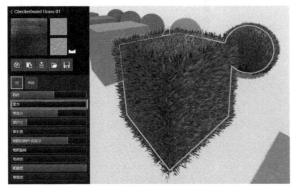 

图4-14　　　　　　　　　　　　　　　　　　　图4-15

弯曲力：该选项用于微调三维草的角度，一般保持默认设置即可。

草尺寸：该选项用于控制三维草整体的尺寸，拖曳即可缩放三维草的整体尺寸，如图4-16所示。

草长度：该选项用于调整三维草的长度尺寸，与草尺寸的整体缩放不同，拖曳参数条只对长度尺寸进行缩放，如图4-17所示。

图4-16　　　　　　　　　　　　　　　　　　　图4-17

地图比例尺-自定义：该选项用于调整三维草的纹理大小比例。

地图旋转：该选项用于调整三维草的纹理角度。

卷曲性：该选项用于调整三维草的角度，类似于"弯曲力"选项的作用。

粗糙度：该选项用于调整三维草表面的粗糙程度。

草剪切：该选项用于表现修剪过后的草坪，拖曳参数条可以调整修剪长度，如图4-18和图4-19所示。

图4-18 图4-19

4.2.3 岩石

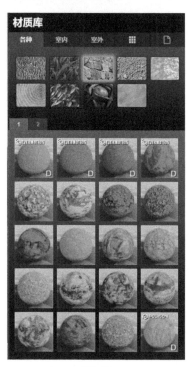

在场景中单击第3组模型表面开启材质库，选择自然类材质后再选择岩石材质库选项，如图4-20所示。

岩石材质虽然是平面材质，但在Lumion中经过处理后加强了阴影表现，质感更加突出。在处理的过程中，注意不能影响光影关系，如图4-21所示。

图4-20 图4-21

岩石材质共有36种，基本属于室外的石材材质，较为逼真和形象。岩石材质属于普通平面材质，因此没有对应的特殊参数调整选项。

4.2.4 土壤

在场景中单击第4组模型表面开启材质库，选择自然类材质后再选择土壤材质库选项，如图4-22所示。

土壤材质共有57种，基本可以满足常规室外材质编辑的需求。土壤材质也是平面材质，也没有对应的特殊参数调整选项。

4.2.5　水

在场景中单击第5组模型表面开启材质库，选择自然类材质后再选择水材质库选项，如图4-23所示。

水材质共有20种，包括多种纹理形态的水材质。水材质属于动态材质，单击模型表面材质后进入材质编辑面板，如图4-24所示。

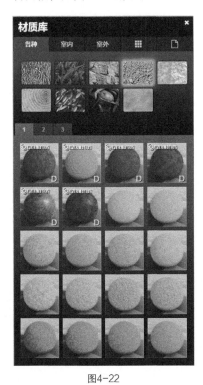

图4-22

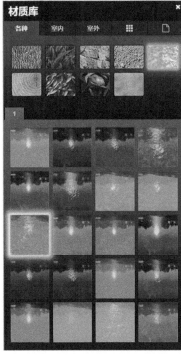

图4-23

图4-24

参数介绍

RGB：该选项用于调整水的颜色，单击后进入色板，如图4-25所示。

波高：该选项用于调整水面波浪的高度。

光泽度：该选项用于调整水面的光泽度。

波率：该选项用于调整水面波浪流的频率。

焦散比例：该选项用于调整由于阳光照射水下形成的光斑的比例大小，如图4-26和图4-27所示。

反射率：该选项用于调整水面的反射强度。

泡沫：该选项用于调整水面泡沫的密度。

边界位移：该选项用于调整材质边缘的位置。

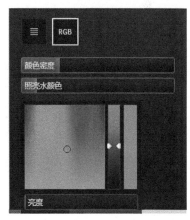

图4-25

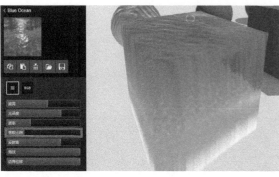

图4-26　　　　　　　　　　　　　　　　　图4-27

4.2.6 森林地带

在场景中单击第6组模型表面开启材质库，选择自然类材质后再选择森林地带材质库选项，如图4-28所示。

森林地带材质共有19种，基本都是户外木材表面及木材截面等材质，属于普通平面材质，没有对应的特殊参数可以调整。

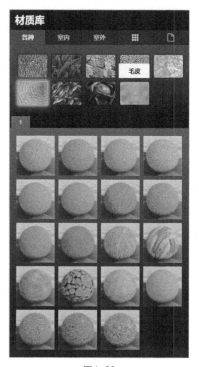

图4-28

4.2.7 落叶

在场景中单击第7组模型表面开启材质库，选择自然类材质后再选择落叶材质库选项，如图4-29所示。

落叶材质共有9种，多用于表现植物墙。单击模型材质表面进入材质编辑面板，如图4-30所示。

图4-29

图4-30

参数介绍

扩散：该选项用于调整材质表面叶子往外扩散的幅度，如图4-31和图4-32所示。

图4-31

图4-32

叶子大小：该选项用于调整材质表面叶子的大小。

叶子类型：该选项用于改变材质表面叶子的样式，拖曳参数条可以直接在9种落叶材质间切换，如图4-33所示。

图4-33

展开模式偏移：该选项用于调整模型材质表面叶子的凹凸弧度，如图4-34和图4-35所示。

图4-34   图4-35

4.2.8 陈旧

在场景中单击第8组模型表面开启材质库，选择自然类材质后再选择陈旧材质库选项，如图4-36所示。

陈旧材质共有20种，包括金属、石材、木材、皮革和水泥等材质。陈旧材质的特点是系统默认调节了材质属性中的风化值，我们可以通过调节风化值将材质做旧，如图4-37所示。

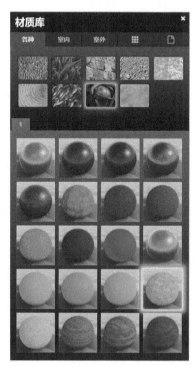

图4-36

图4-37

4.2.9 皮毛

在场景中单击第9组模型表面开启材质库，选择自然类材质后再选择皮毛材质库选项，如图4-38所示。

皮毛材质共有10种，大部分用于室内场景。选择皮毛材质后可以在材质编辑面板中调整皮毛材质的各种参数，如图4-39所示。

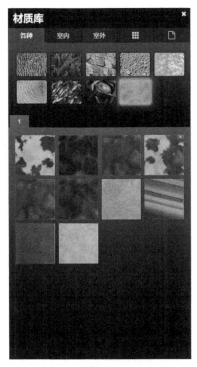

图4-38

图4-39

4.3 室内材质

室内材质可分为10类，分别是布、玻璃、皮革、金属、石膏、塑料、石头、瓷砖、木材和窗帘，如图4-40所示。

4.3.1 布

布材质共有42种，如图4-41所示。

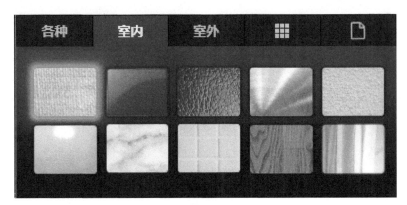

图4-40

图4-41

4.3.2 玻璃

玻璃材质共有40种，包括普通透明玻璃、彩色玻璃、雾面玻璃、磨砂玻璃和彩色磨砂玻璃等材质，如图4-42所示。

打开玻璃材质编辑面板，可以调整"反射率""内部反射""透明度""双面渲染""光泽度""结霜量"等玻璃材质独有的参数，如图4-43所示。

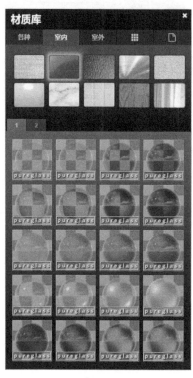

图4-42

图4-43

4.3.3 皮革

皮革材质共有20种，如图4-44所示。

4.3.4 金属

金属材质共有64种，涵盖了大部分室内场景可能出现的金属材质，如图4-45所示。其中网状金属材质是室内金属材质独有的，其他金属材质也具有其独特的纹理效果。

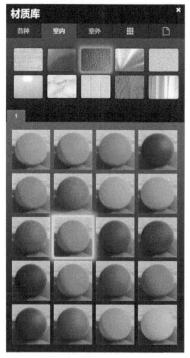

图4-44

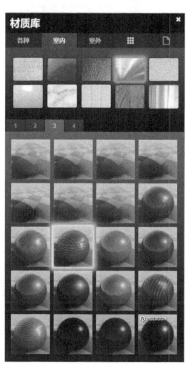

图4-45

4.3.5 石膏

石膏材质共有39种，涵盖了室内的石膏吊顶、墙面石膏等，如图4-46所示。

4.3.6 塑料

塑料材质共有55种，涵盖了室内大部分塑料材质，包括有特殊纹理的塑料材质及各种彩色塑料材质，如图4-47所示。

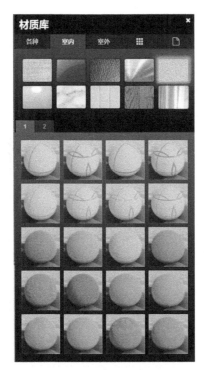

图4-46

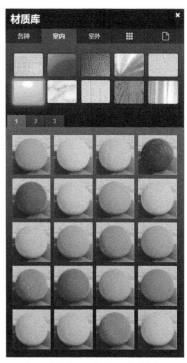

图4-47

4.3.7 石头

石头材质共有44种，包括室内装饰的地面石材和墙面石材，如图4-48所示。

4.3.8 瓷砖

瓷砖材质共有145种，包括各类拼贴异形瓷砖，可用于地面和浴室空间，如图4-49所示。

图4-48

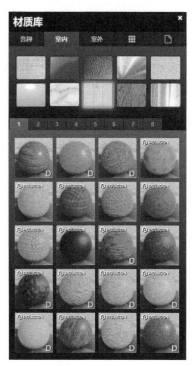

图4-49

4.3.9 木材

木材材质共有92种，大部分为室内木地板材质，如图4-50所示。

4.3.10 窗帘

窗帘材质共有43种，软件自带窗帘材质非常有限，无法应对特殊的室内风格，如图4-51所示。

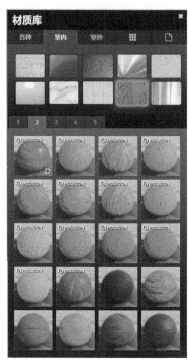

图4-50

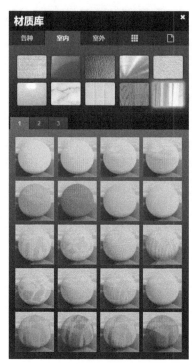

图4-51

4.4 室外材质

室外材质分为9类，分别是砖、混凝土、玻璃、金属、石膏、屋顶、石头、木材和沥青，如图4-52所示。

图4-52

4.4.1 砖

砖材质共有68种，多用于建筑外墙，如图4-53所示。

4.4.2 混凝土

混凝土材质共有64种，主要用于建筑表面，如图4-54所示。

4.4.3 玻璃

玻璃材质共有41种，室外玻璃材质不同于室内玻璃材质的地方在于玻璃表面的肌理，如图4-55所示。

图4-53

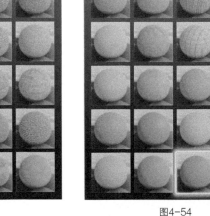

图4-54

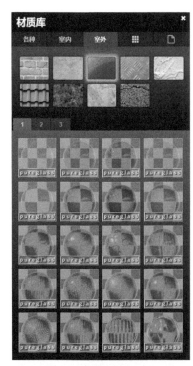

图4-55

4.4.4 金属

金属材质共有59种，室外金属材质大部分为室外常见有特殊纹理的金属，如图4-56所示。

4.4.5 石膏

石膏材质共有5种，种类较少，主要用于墙面，如图4-57所示。

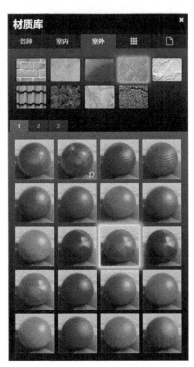

图4-56

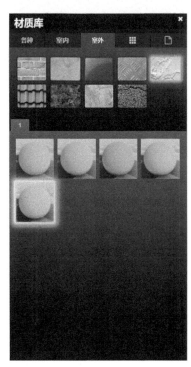

图4-57

4.4.6 屋顶

屋顶材质共有28种，涵盖了大部分常见房屋屋顶的材质，如图4-58所示。

4.4.7 石头

石头材质共有58种，大部分都是天然石头，不同于室内石头材质的大理石、花岗岩等，如图4-59所示。

4.4.8 木材

木材材质共有73种，包括室外木地板、天然木材等，如图4-60所示。

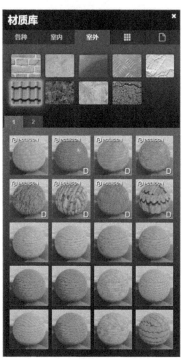

图4-58

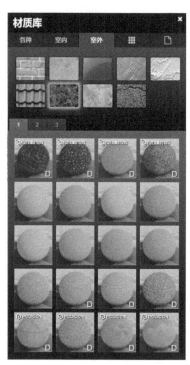

图4-59

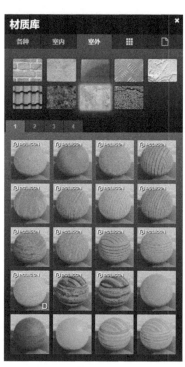

图4-60

4.4.9 沥青

沥青材质共有23种，主要用于室外公路和普通地面，如图4-61所示。

沥青材质列表第2页的第1个材质可用于模拟刚下过雨或正在下雨的场景，材质表面有水的效果，如图4-62所示。

图4-61

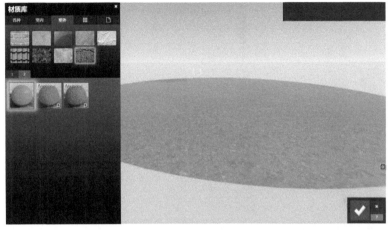

图4-62

4.5 新的材质

新的材质中有11个功能选项，分别为广告牌、颜色、玻璃、纯净玻璃、无形、景观、照明贴图、已导入材质、标准、水和瀑布，如图4-63所示。

图4-63

功能介绍

广告牌：为模型材质加载"广告牌"选项后，模型将会始终用正面面对摄像机并跟随摄像机在原地旋转。

颜色：可以直接修改模型的颜色，没有其他参数可以调整。

玻璃：可以直接将模型材质修改为普通玻璃，通过材质编辑面板修改反射率、透明度、纹理影响等具体参数。

纯净玻璃：可以直接将模型材质修改为玻璃。与"玻璃"选项的不同之处是该选项有更多参数可以调整。

无形：可以直接隐藏模型。

景观：可以将模型材质修改为白色。

照明贴图：可以导入外部灯光文件到Lumion中制作照明贴图。

已导入材质：可以清空后期在模型上加入的材质贴图，还原模型。

标准：可以调整模型本身材质的参数。

水：可以将模型材质修改为水。

瀑布：可以用于室外水景。

4.6 自定义材质

图4-64

自定义材质是使用者向软件中导入的材质贴图和法线贴图在调整后保存的外部材质贴图。单击"自定义材质"选项后可以看到里面没有材质，如图4-64所示。

需要导入自定义材质时，可以在系统材质库中单击选择任意材质，进入材质编辑面板，单击"选择颜色贴图"选项，然后在"打开"对话框中找到事先准备好的材质贴图，单击"打开"按钮就可以导入新的材质，如图4-65所示。

单击"选择法线贴图"选项，在"打开"对话框中找到事先准备好的法线贴图，单击"打开"按钮就可以导入法线贴图，如图4-66所示。

图4-65

图4-66

完成材质贴图和法线贴图的导入后，单击"将材料保存为自定义材料"选项并为材质命名，就可以完成自定义材质的导入，如图4-67所示。

此时就可以在自定义材质中找到之前保存的自定义材质，如图4-68所示。

图4-67

图4-68

4.7 案例练习

4.7.1 现代别墅材质练习

将案例模型导入Lumion场景中，如图4-69所示。一般来说，用SketchUp制作的模型导入Lumion中时都会保留默认材质，从图中也可以看出模型自带了很多材质，都是制作模型时贴好的材质，但并不是模型有材质就可以直接用于渲染。即使模型自带了材质，也需要在Lumion中使用材质工具进行处理。

图4-69

01 导入场景后，单击"材质"选项 进入材质编辑器，如图4-70所示。

02 进入材质编辑器后，就可以开始对模型中的材质进行逐个调整了。首先从整体场景的大范围开始调整，然后调整一些细小地方的材质。先从路面开始调整，选中路面材质块，如图4-71所示。

图4-70

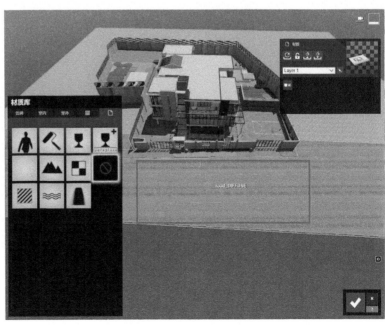

图4-71

03 这里马路的材质可以保持默认的材质，单击"标准"选项 ，如图4-72所示，进入材质设置面板，材质设置如图4-73所示。

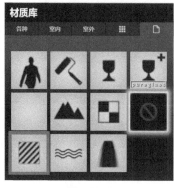

图4-72

图4-73

04 可以看到路面的材质跟玻璃一样，这里需要相应调低光泽和反射率，使地面的材质更加接近真实路面，调整后的参数及效果如图4-74所示。

05 由于是路面材质，所以这里可以给一部分风化的参数值，使路面有一定的陈旧效果，如图4-75所示。

图4-74

图4-75

06 调整好路面的材质后，选中建筑周围地面部分的材质，如图4-76所示。

07 给建筑周围地面部分一个草坪的材质。单击打开三维草材质分类，加载一个合适的三维草材质，如图4-77所示。

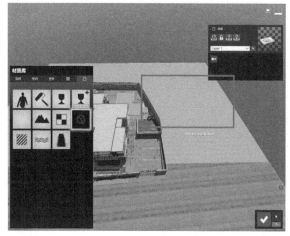

图4-76

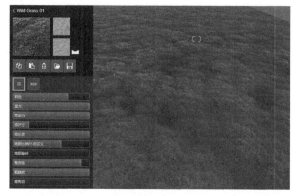

图4-77

08 一般草地材质参数除了"草长度"和"着色"，其他参数都不需要做过多调整。在默认的参数下，草的长度会比较长，颜色也会比较深，如图4-78所示。

09 将"着色"和"草长度"稍微调低，让草的颜色相对浅一些、长度短一些，调整后效果如图4-79所示。

| 图4-78 | 图4-79 |

10 场景中建筑外部大范围的地面材质调整完后，开始调整建筑内部的地面。选择场景中的地面部分，如图4-80所示。

11 单击室外材质中的"石头"选项，加载一个合适的石头材质，如图4-81所示。

 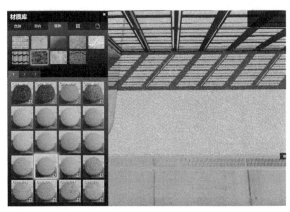

| 图4-80 | 图4-81 |

12 再次单击刚刚调整的地面材质块，进入材质设置界面，如图4-82所示。这里石头材质的纹理有些小，不是很明显，需要将地面石头材质的纹理放大一些，如图4-83所示。

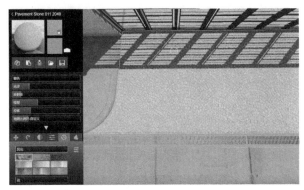 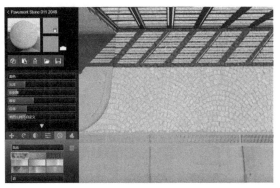

| 图4-82 | 图4-83 |

13 继续选择其他还没调整的地面材质块，如图4-84所示。这里同样可以使用室外材质中的"石头"选项或者"水泥"选项，加载一种合适的材质，调整后效果如图4-85所示。

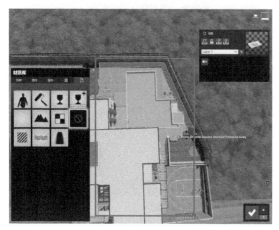

图4-84

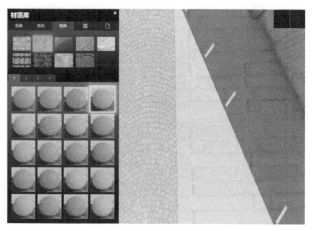

图4-85

14 选中地面水的材质块，如图4-86所示。单击各种材质中的"水"选项，加载一个合适的水材质，如图4-87所示。

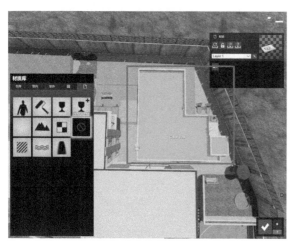

图4-86

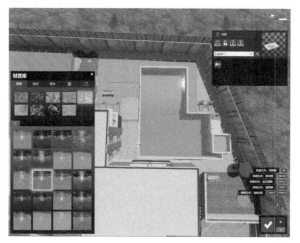

图4-87

15 选中剩下的草坪材质块，加载合适的草材质，加载后效果如图4-88所示。处理完草坪材质块后，地面剩下的材质块基本就只有一些面积较小的地方需要调整，调整方法同之前调整地面的方法基本一致，这里就不做详细的介绍了。

16 选中防护墙外部墙面的材质块，如图4-89所示。单击"标准"选项▨并适当调整参数，调整后效果如图4-90所示。在调整材质参数时，注意不要局限于某一个固定的参数值，可以根据实际情况或自己的喜好合理调整材质参数。

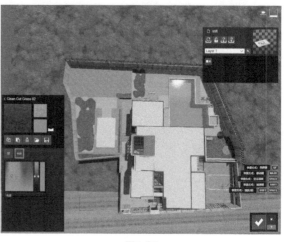

图4-88

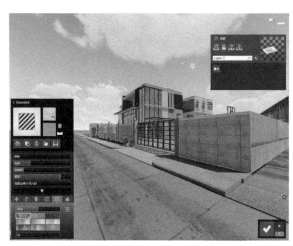

图4-89　　　　　　　　　　　　　　　　　　　图4-90

17 选中防护墙外部墙面剩余的材质块，如图4-91所示。单击"标准"选项▨并调整同样的防护墙参数，调整后效果如图4-92所示。

图4-91　　　　　　　　　　　　　　　　　　　图4-92

18 调整防护墙其他墙面部分的材质。选中图4-93所示的墙面，单击"标准"选项▨并调整同样的参数，调整后效果如图4-94所示。

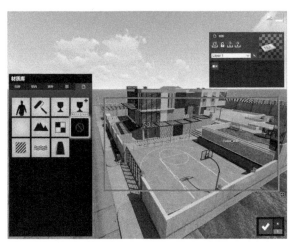

图4-93　　　　　　　　　　　　　　　　　　　图4-94

19 选中建筑外部墙面的材质块，如图4-95所示。单击室外材质中的"混凝土"选项，选择一种合适的材质，并适当调整参数，调整后效果如图4-96所示。

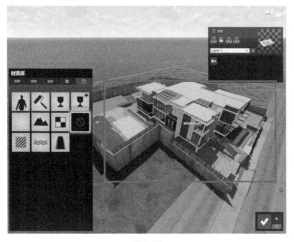

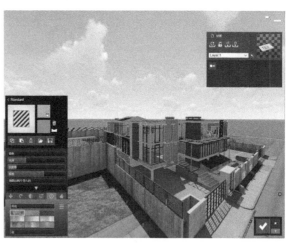

图4-95   图4-96

20 选中图4-97所示的建筑外部墙面材质块，单击"标准"选项▨并适当调整参数，调整后效果如图4-98所示。

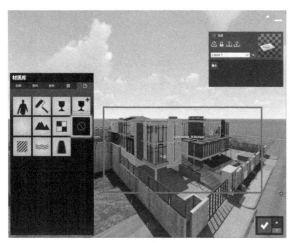

图4-97   图4-98

21 选中图4-99所示
的建筑外部墙面材质
块，单击"标准"选
项▨并调整同样的建
筑墙面参数，调整后
效果如图4-100
所示。

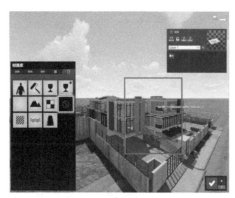

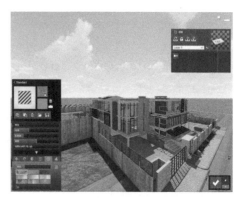

图4-99   图4-100

22 选中图4-101所示的建筑外部墙面材质块，单击"标准"选项并调整同样的墙面参数，调整后效果如图4-102所示。

图4-101

图4-102

23 选中建筑顶部的材质块，如图4-103所示。单击"标准"选项，并调整参数，调整后效果如图4-104所示。

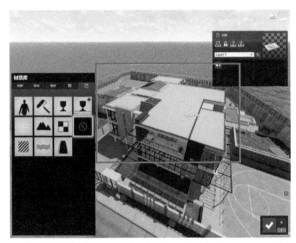

图4-103

图4-104

24 选中建筑中的玻璃材质块，如图4-105所示。单击室外材质中的"玻璃"选项，加载一个合适的玻璃材质并调整参数，调整后效果如图4-106所示。

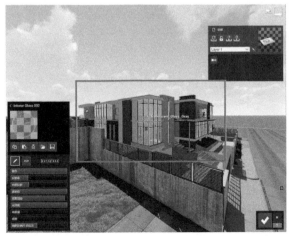

图4-105

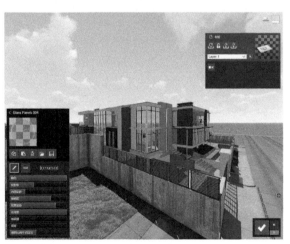

图4-106

25 选中场景中的金属类材质块，如图4-107所示。单击室内材质中的"金属"选项，加载一个合适的金属材质并调整参数，调整后效果如图4-108所示。

图4-107　　　　　　　　　　　　　　　　图4-108

26 选中场景中的玻璃框架金属类材质块，如图4-109所示。单击室内材质中的"金属"选项，加载一个合适的金属材质并调整参数，调整后效果如图4-110所示。

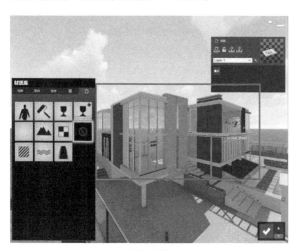

图4-109　　　　　　　　　　　　　　　　图4-110

27 选中场景中的木质类材质块，如图4-111所示。单击室内材质中的"木材"选项，加载一个合适的木材材质并调整参数，调整后效果如图4-112所示。

图4-111　　　　　　　　　　　　　　　　图4-112

28 基本的材质调整完成，其余面积较小部分的材质块的调整方法与前面相同。全部的材质调整完成后单击界面右下方的"确认"按钮，导出基本的效果图。导出前为了使材质能够得到表现，可以先加载一个系统自带的效果参数，调整完成后的效果如图4-113所示。

29 加入植物模型等作为背景和前景，以完善画面，最终效果如图4-114所示。

图4-113

图4-114

4.7.2　水之教堂材质练习

　　本节以著名建筑大师安藤忠雄的水之教堂为例进行材质讲解，准备的模型如图4-115所示。

　　由于这个建筑是已建成的建筑，因此可以通过各种渠道找到许多实景图作为参考。参考实景图来调整材质和环境，可以更好地还原实景。

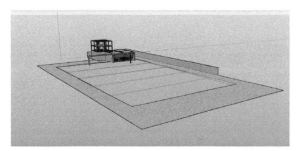

图4-115

01 打开Lumion软件，新建一个空的场景，如图4-116所示。

02 将水之教堂的模型文件导入Lumion中，并确定好模型的位置，如图4-117所示。

图4-116

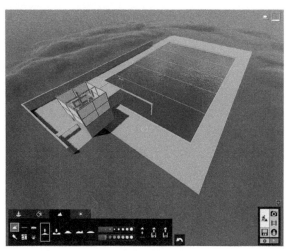

图4-117

03 水之教堂建筑主体部分的材质为混凝土材质，首先选中建筑主体部分的材质块，如图4-118所示。

04 单击左侧材质库中的室外材质，选择混凝土材质库，如图4-119所示。选择一个比较合适并符合原建筑材质的混凝土材质，如图4-120所示。

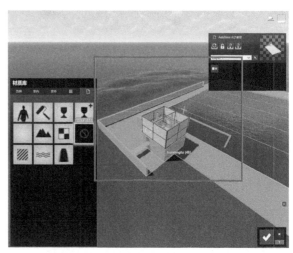

图4-118

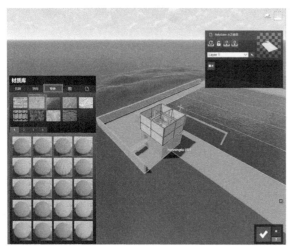

图4-119

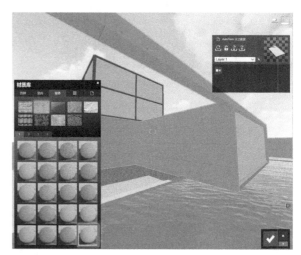

图4-120

05 再次单击建筑主体材质块打开材质设置面板，如图4-121所示。适当降低混凝土材质的"光泽"和"反射率"，并设置"风化"参数值，使墙体有陈旧的效果，如图4-122所示。

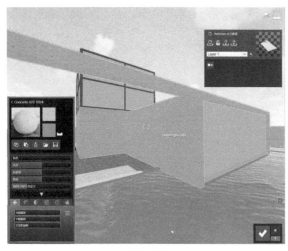

图4-121

图4-122

06 水之教堂建筑主体部分的材质除了混凝土，就是大面积的玻璃。选中建筑主体中玻璃部分的材质块，如图4-123所示。

07 单击左侧材质库中的室外材质，选择玻璃材质库，如图4-124所示。选择一个比较通透的玻璃材质，如图4-125所示。

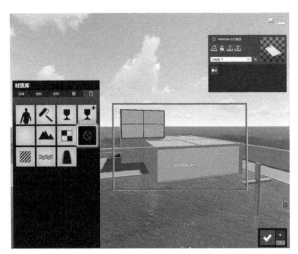

图4-123

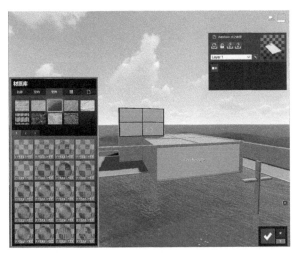

图4-124

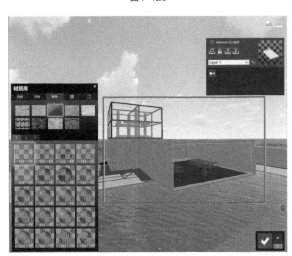

图4-125

08 再次单击建筑中的玻璃材质块打开材质设置面板，如图4-126所示。适当提高玻璃材质的"反射率"，使玻璃的反射效果更加强烈，同时适当降低玻璃材质的"透明度"，使玻璃材质不完全透明，如图4-127所示。

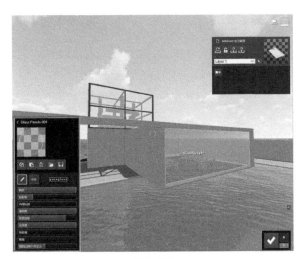

图4-126

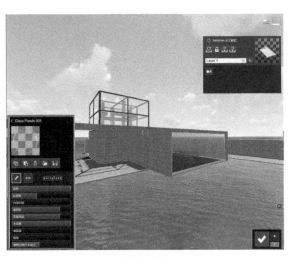

图4-127

09 选中建筑中玻璃边框部分的材质块，如图4-128
所示。

10 单击左侧材质库中的室外材质，选择金属材质库，如
图4-129所示。选择一个比较光滑的金属材质，如图
4-130所示。

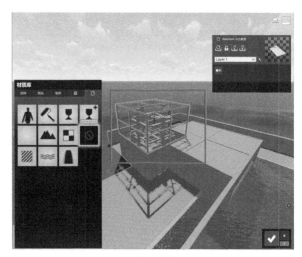

图4-128

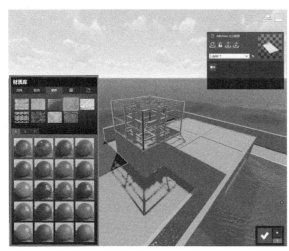

图4-129

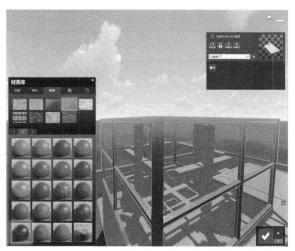

图4-130

11 再次单击建筑中玻璃边框的金属材质块打开材质设置面板，如图4-131所示。在金属材质中加入部分黑色的"着色"
值，使金属边框更黑一点，如图4-132所示。

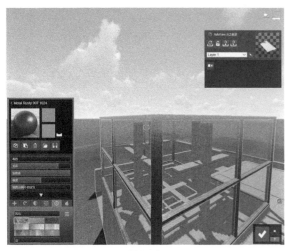

图4-131

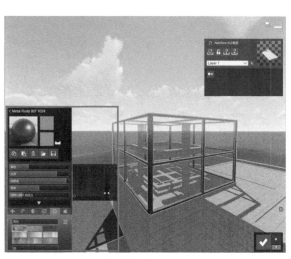

图4-132

12 选中建筑周边地面部分的材质块，如图4-133所示。

13 单击左侧材质库中的各种材质，选择三维草材质库，如图4-134所示。最后两个草材质是三维草中比较贴近自然的草材质，选择其中一个比较合适的三维草材质，如图4-135所示。

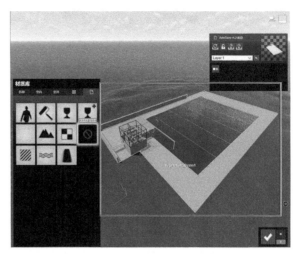

图4-133

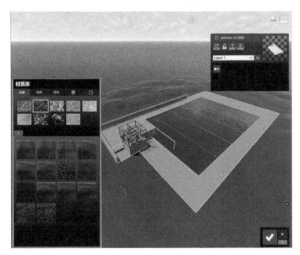

图4-134

图4-135

14 再次单击三维草材质块打开材质设置面板，如图4-136所示。默认的三维草材质中的草普遍偏长，适当调低"草长度"的值，如图4-137所示。

图4-136

图4-137

15 通常情况下，如果在SketchUp中贴了水材质，导入
Lumion中后会自动识别为水材质，即使这样，还是需要重
新调节一次。选中模型中心水面部分的材质块，如图
4-138所示。

16 单击左侧材质库中的各种材质，选择水材质库，如图
4-139所示。因为水池底部在建模型时是没有处理的，因
此这里选择了一个颜色较深的水材质，如图4-140所示。

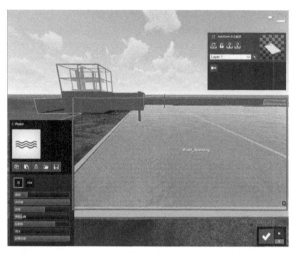

图4-138

图4-139

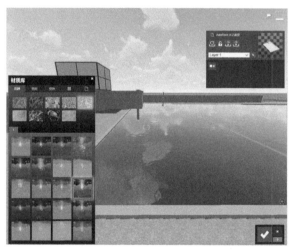

图4-140

17 再次单击水材质块打开材质设置面板，如图4-141所示。这里水面的情况基本符合一个池塘的标准，因此不需要做过
多调整，最后的效果如图4-142所示。

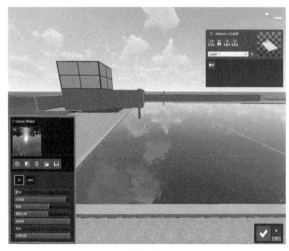

图4-141

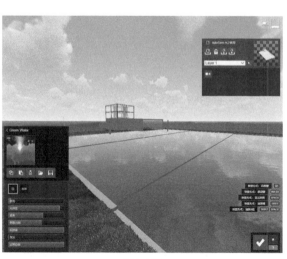

图4-142

18 到这里，室外部分的材质基本就调整完了。室内部分很简单，只有两种材质，家具材质和地板材质。首先选中家具材质块，如图4-143所示。

19 单击左侧材质库中的室外材质，选择木材材质库，如图4-144所示。这里基本属于家具部分，因此需要选择一个纹理不是特别粗糙的木材材质，这样更加贴合真实情况，如图4-145所示。

20 再次单击木材材质块打开材质设置面板，如图4-146所示。默认的木材材质的反射和光泽都偏高，看上去就像打了蜡一样，而实际生活中这样的家具模型表面应该是没有这么光滑的，因此需要适当降低木材的"光泽"和"反射率"，并调整"风化"的参数值，使之有一些陈旧的效果，如图4-147所示。

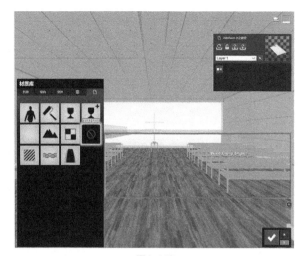

图4-143

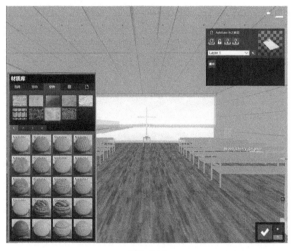

图4-144

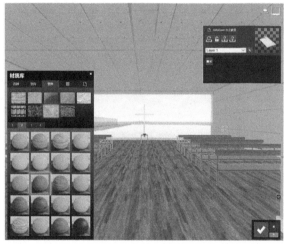

图4-145

图4-146

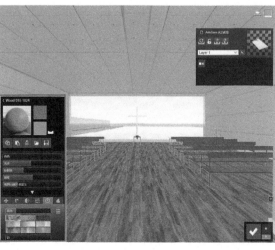

图4-147

21 选中室内部分的地面材质块，如图4-148所示。

22 单击左侧材质库中的室内材质，选择木材材质库，如图4-149所示。地板材质可随意选择，只要颜色与室内其他材质的颜色不冲突即可，如图4-150所示。

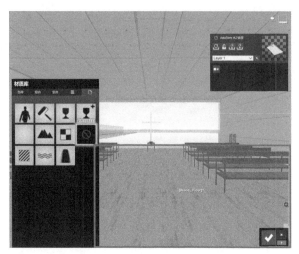

图4-148

图4-149

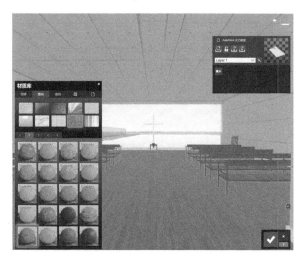

图4-150

23 再次单击木材材质块打开材质设置面板，如图4-151所示。然后用前面调整家具木材材质的方法适当调整"光泽"和"反射率"，这里木地板的纹理较小，可以通过缩放"视差"参数值适当调节一下纹理，如图4-152所示。

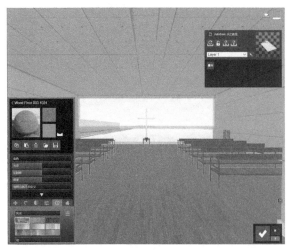

图4-151

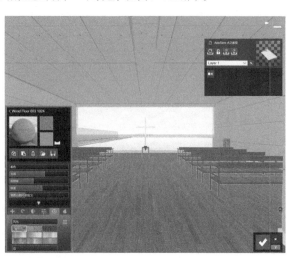

图4-152

24 到这里，模型室内外的材质就调整完了，这时可以在建筑周边加入植物造景，如图4-153所示。

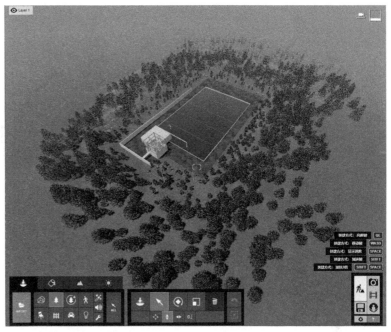

图4-153

25 加入植物造景后，可以打开拍照模式，确定几个视角来表现这次材质调整的效果，如图4-154~图4-156所示。

图4-154

图4-155

图4-156

26 确定好视角后就可以加入特效开始渲染出图了，最后
出图效果如图4-157~图4-159所示。

图4-157

图4-158

图4-159

4.7.3 商业示范区建筑材质练习

本节以一个商业示范区建筑为例进行材质讲解，模型如图4-160所示。

商业示范区建筑一般很常见，在调整材质时可以参考许多住宅售楼部建筑的案例。这类建筑大多以现代
风格为主，添加少量其他风格的元素作为点缀。这类建筑材质大部分都采用混凝土、金属、玻璃和石材，因
此在调整材质时掌握好大方向，最后做出来的效果一般都不会差。

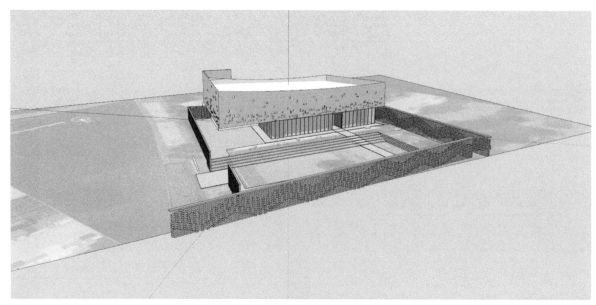

图4-160

01 打开Lumion软件，新建一个空的场景，如图4-161
所示。

02 将模型文件导入Lumion中，并确定好模型的位置，如
图4-162所示。

03 单击打开材质选项，选中模型主体中的地面材质块，
如图4-163所示。

图4-161

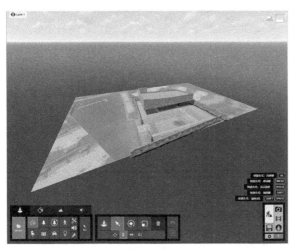

图4-162

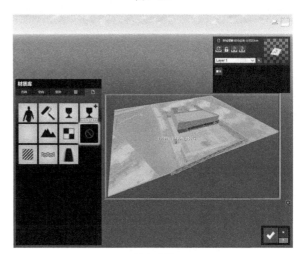

图4-163

04 地面材质一般用混凝土材质就可以。单击左侧材质库中的室外材质，选择混凝土材质库，如图4-164所示。选择一个
比较合适并符合原地面材质的混凝土材质，如图4-165所示。

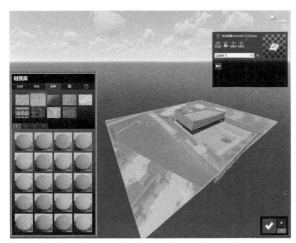

图4-164

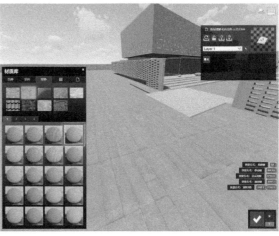

图4-165

05 再次单击地面材质块打开材质设置面板,如图4-166所示。适当降低混凝土材质的"光泽"和"反射率",提高部分"视差"的参数值,使地面的纹理更加明显,如图4-167所示。

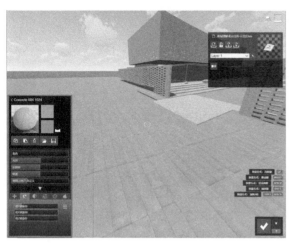

图4-166

图4-167

06 选中建筑地面步道的材质块,如图4-168所示。

07 单击左侧材质库中的室外材质,选择石材材质库,如图4-169所示。选择一个合适的石材材质,如图4-170所示。

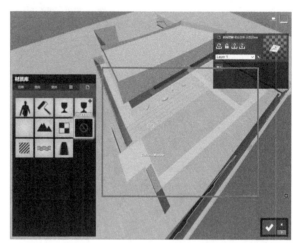

图4-168

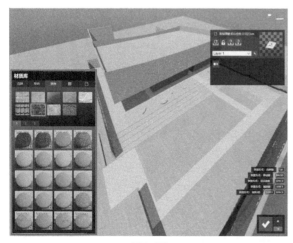

图4-169

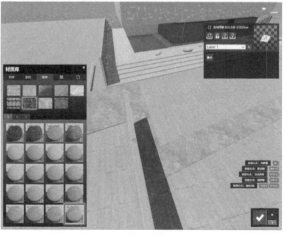

图4-170

08 单击石材材质块打开材质设置面板，如图4-171所示。调整石材纹理的方向，使石材纹理与路面的方向一致，并适当降低"反射率"和"光泽"的参数值，如图4-172所示。

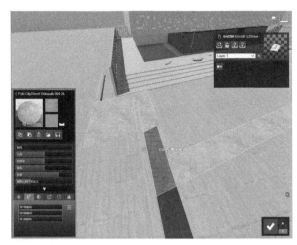

图4-171

图4-172

09 选中建筑中墙面石材部分的材质块，如图4-173所示。

10 单击左侧材质库中的标准材质，打开材质设置面板，如图4-174所示。默认标准材质的质感比较接近镜面材质，一般需要将"反射率"和"光泽"的参数值调低，如图4-175所示。

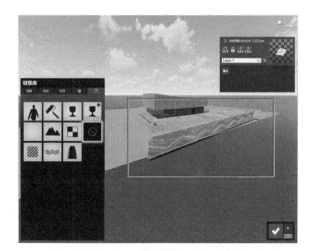

图4-173

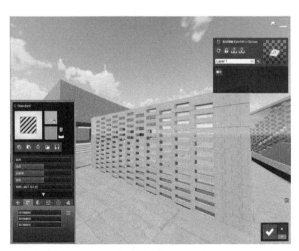

图4-174

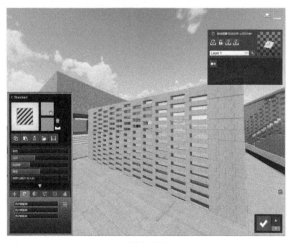

图4-175

11 这里的标准材质有纹理，但看上去还是比较平滑。单击法线贴图后面的选项开关，从颜色贴图创建法线贴图，同时稍调高"视差"参数值，使凹凸的质感更加强烈，如图4-176所示。

12 选中建筑主体墙面的材质块，如图4-177所示。

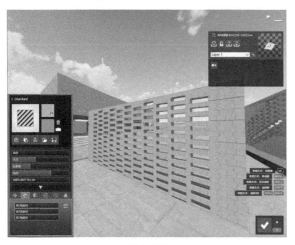

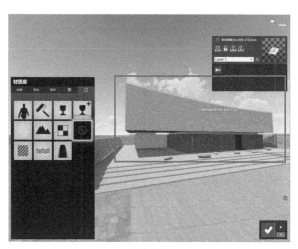

图4-176

图4-177

13 单击左侧材质库中的标准材质，打开材质设置面板，如图4-178所示。同前面调整墙面标准材质的方法一样，调低"反射率"和"光泽"的参数值，同时开启"从颜色贴图创建法线贴图"选项，如图4-179所示。

14 选择建筑主体中玻璃的材质块，如图4-180所示。

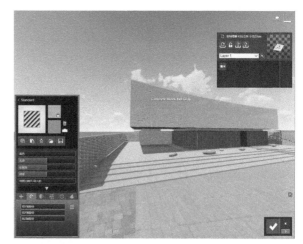

图4-178

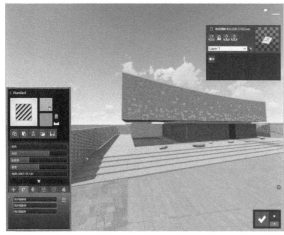

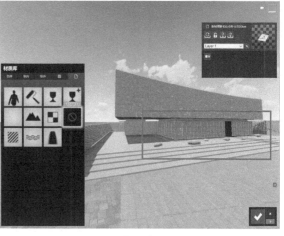

图4-179

图4-180

15 单击左侧材质库中的室外材质，如图4-181所示。由于建筑室内部分没有做模型，因此这里可以选择一个颜色较深的玻璃材质，也可以任意选择一个玻璃材质，通过"着色"来调整颜色，如图4-182所示。

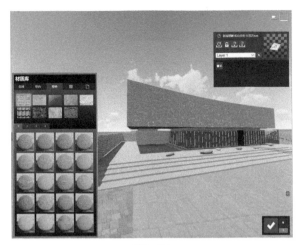

图4-181

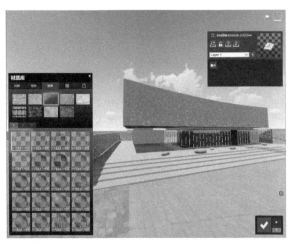

图4-182

16 再次单击玻璃材质块打开材质设置面板，如图4-183所示。这里玻璃的透明度偏高，可以直接清晰地看到内部，因此需要将"透明度"适当降低，同时增加"反射率"，调整后的效果如图4-184所示。

17 选择室外水景部分的材质块，如图4-185所示。

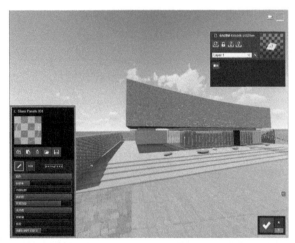

图4-183

图4-184

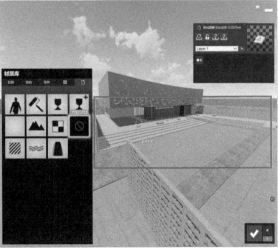

图4-185

18 单击左侧材质库中的各种材质，选择水材质库，如图4-186所示。这里水景部分的水属于死水，而水景下一般是石材的硬质铺地，可以任意选择一个颜色较深的水材质，如图4-187所示。

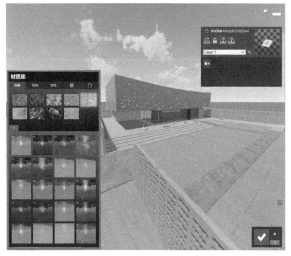

图4-186

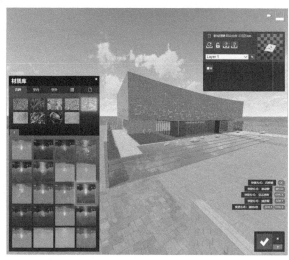

图4-187

19 再次单击水材质块打开材质设置面板查看材质情况，这里的水材质基本符合实际场景，因此也不需要过多调整参数，如图4-188所示。

20 选中模型中绿地部分的材质块，如图4-189所示。

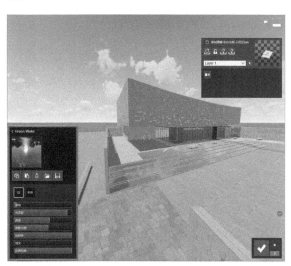

图4-188

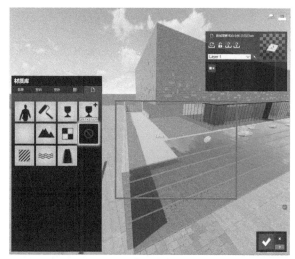

图4-189

21 单击左侧材质库中的各种材质，选择三维草材质库，如图4-190所示。选择一个没有颜色纹理的三维草材质即可，如图4-191所示。

22 再次单击三维草材质块打开材质设置面板，如图4-192所示。这里选择的三维草材质，其默认的草模型是很矮的，需要适当调整"草长度"和"草尺寸"，调整后的效果如图4-193所示。

23 选中远景部分的墙体材质块，如图4-194所示。远景部分的墙体可以用合适的混凝土材质概括一下，不需要做过多调整。打开室外材质中的混凝土材质库，加载一个纹理简单的材质即可，如图4-195所示。

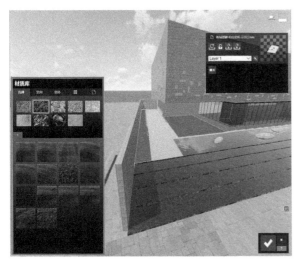

图4-190

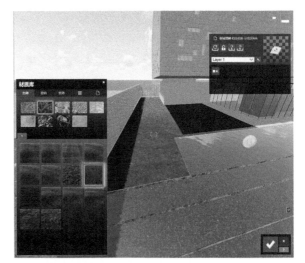

图4-191

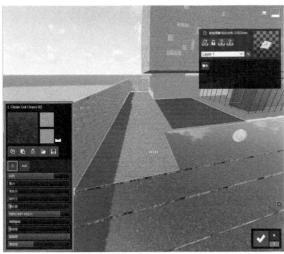

图4-192

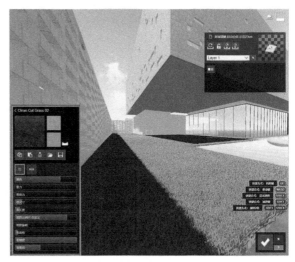

图4-193

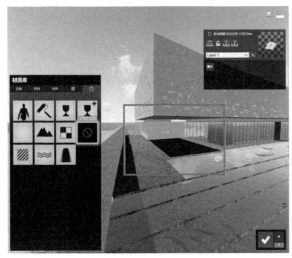

图4-194

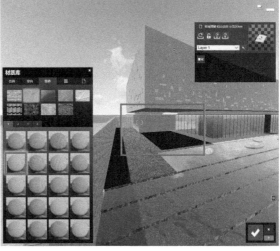

图4-195

24 选中中景部分的装置艺术材质块，如图4-196所示。

25 单击左侧材质库中的室内材质，选择金属材质库，如图4-197所示。这里选择一个反射较强的金属材质，室内金属材质库中第1页第1个铝材质和第2页中的铬材质都是不错的选择，加载后基本不需要做过多的调整，效果如图4-198所示。

图4-196

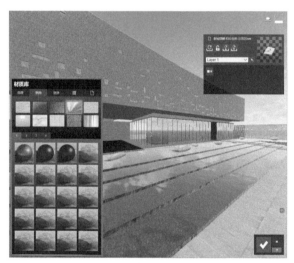

图4-197

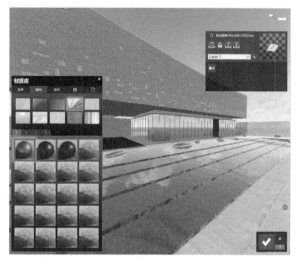

图4-198

26 选中需要做自发光效果的材质部分，如图4-199所示。

27 单击材质库中的标准材质，打开材质设置面板，如图4-200所示。这里可以选择一个冷色调的发光材质，如图4-201所示。

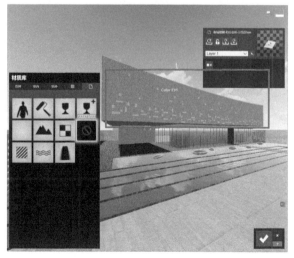

图4-199

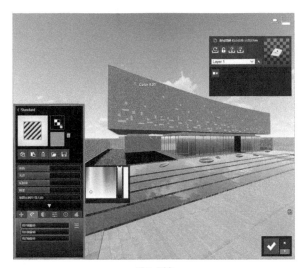

图4-200

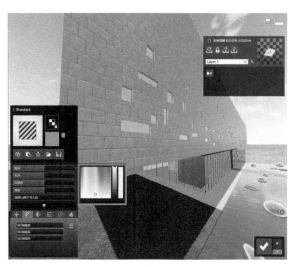

图4-201

28 单击材质设置选项，调整自发光参数，这里的自发光稍微设置一点就可以达到发光效果，如图4-202所示。

29 到这里，基本的材质调整就完成了。接下来需要在场景的近景、中景和远景中加入适量的植物完善场景，如图4-203所示。植物放置完成后可以在场景中加入一些灯光模型，如图4-204所示。

图4-202

图4-203

图4-204

30 确定几个视角，如图4-205~图4-207所示。

图4-205

图4-206

图4-207

31 加入部分特效，渲染出图，如图4-208~图4-210所示。

图4-208

图4-209

图4-210

第5章 Lumion 灯光应用

相比其他渲染软件的灯光，Lumion的灯光并不理想，但如果合理运用，也可以做出好的效果。本章将对Lumion中的所有灯光进行详细的介绍，通过对本章的学习，读者可以直观地了解Lumion中的灯光模型。

◆ **本章学习目标**

1.掌握灯光模型的操作方法

2.了解各类灯光模型特效

5.1 灯光操作

在对灯光进行讲解前,先准备好一个半开放的空间,以便对灯光进行对比和效果讲解。此处以SketchUp建模为例,将准备好的模型导入Lumion中,同时将场景调至夜晚模式,如图5-1所示。

Lumion中灯光的放置必须有模型或地形作为捕捉点,而对灯光的一系列操作,也是通过一个操控点进行。在界面左下角的功能区中选择"灯光"选项 同时选择"模型放置"选项 打开灯光库,如图5-2和图5-3所示。

图5-1

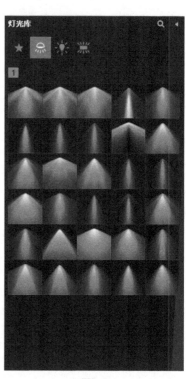

图5-3

图5-2

在灯光库中选择需要的灯光后,将鼠标指针移至场景中,调整视角并将灯光放置到模型顶面,如图5-4所示。线框部分表示灯光的锥角范围,也就是灯光的照射范围。

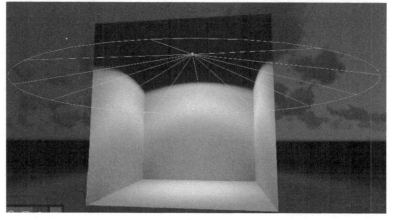

图5-4

完成灯光放置后，在左下角的功能区中单击选择"选择"选项，如图5-5所示。

在场景中找到灯光的控制点，单击控制点打开灯光属性设置面板，如图5-6所示。

图5-5　　　　　　　　　　　　　　　　图5-6

灯光属性介绍

锁定：可以将灯光进行锁定，锁定后灯光不能进行修改操作。

成组：可以将多选的文件进行成组操作。

目标灯光：可以通过单击控制灯光照射的方向。

色板：通过色板可以调节灯光的颜色及明度，通过色板最右侧的色彩条可以预览颜色，如图5-7所示。

图5-7

亮度：用于修改灯光的亮度。

锥角：用于修改灯光的照射范围。

显示光源：开启该选项可以在场景中显示出光源。

激活夜晚：该选项适用于动画制作中昼夜交替的场景，默认为关闭状态，单击"开"或"随机"会根据场景自动开启或关闭灯光。

影子：该选项控制在灯光照射下形成的阴影质量，可以根据实际需要或计算机配置选择。

5.2　聚光灯

Lumion灯光库中共有30种不同类型的聚光灯，使用前可以通过缩略图进行简单的了解，如图5-8所示。从缩略图可以大致看到每个灯光的照射效果及默认照射范围，每个灯光都可以针对不同场景使用。

灯光"lamp01"，如图5-9所示。

灯光"lamp02"，如图5-10所示。

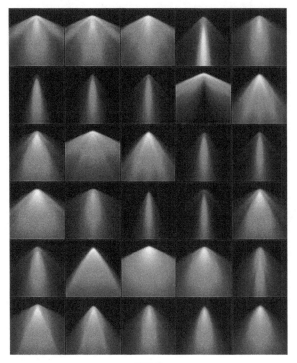

图5-8

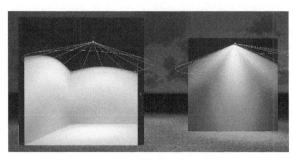

图5-9

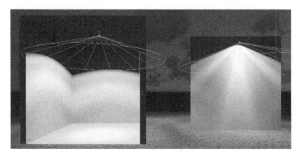

图5-10

灯光"lamp03"，如图5-11所示。

灯光"lamp04"，如图5-12所示。

图5-11

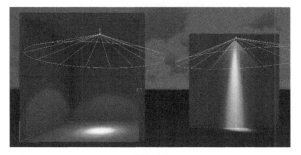

图5-12

灯光"lamp05"，如图5-13所示。

灯光"lamp06"，如图5-14所示。

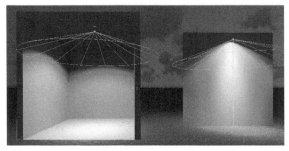

图5-13

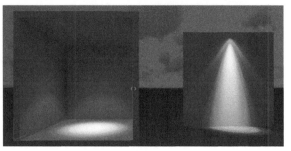

图5-14

灯光"lamp07"，如图5-15所示。

灯光"lamp08"，如图5-16所示。

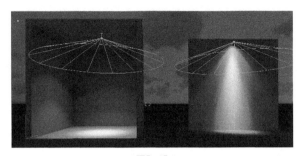 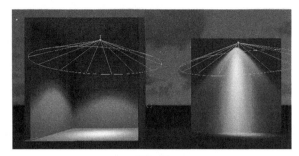

图5-15　　　　　　　　　　　　　　　　　图5-16

灯光"lamp09"，如图5-17所示。

灯光"lamp10"，如图5-18所示。

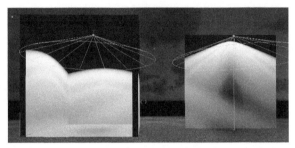 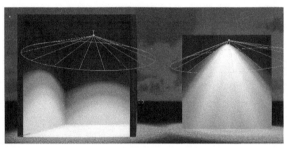

图5-17　　　　　　　　　　　　　　　　　图5-18

灯光"lamp11"，如图5-19所示。

灯光"lamp12"，如图5-20所示。

图5-19　　　　　　　　　　　　　　　　　图5-20

灯光"lamp13"，如图5-21所示。

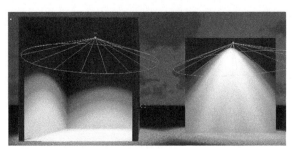

图5-21

灯光"lamp14"，如图5-22所示。

灯光"lamp15"，如图5-23所示。

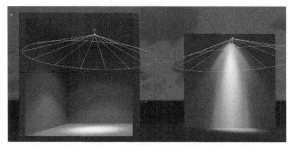 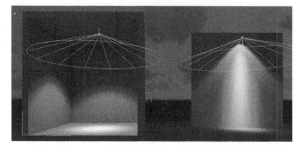

图5-22   图5-23

灯光"lamp16"，如图5-24所示。

灯光"lamp17"，如图5-25所示。

图5-24   图5-25

灯光"lamp18"，如图5-26所示。

灯光"lamp19"，如图5-27所示。

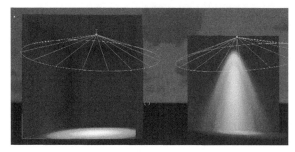 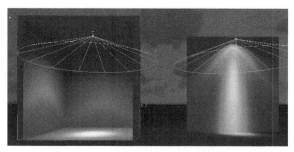

图5-26   图5-27

灯光"lamp20"，如图5-28所示。

图5-28

灯光"lamp21"，如图5-29所示。

灯光"lamp22"，如图5-30所示。

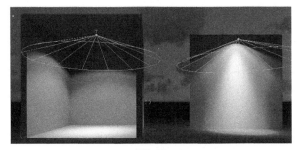

图5-29

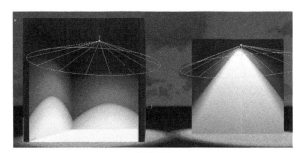

图5-30

灯光"lamp23"，如图5-31所示。

灯光"lamp24"，如图5-32所示。

图5-31

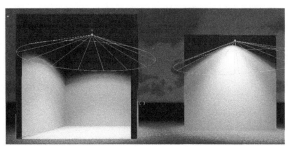

图5-32

灯光"lamp25"，如图5-33所示。

灯光"lamp26"，如图5-34所示。

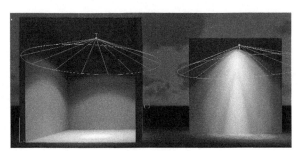

图5-33

图5-34

灯光"lamp27"，如图5-35所示。

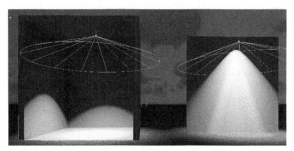

图5-35

灯光"lamp28"，如图5-36所示。

灯光"lamp29"，如图5-37所示。

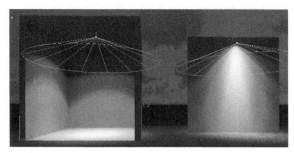

图5-36

图5-37

灯光"lamp30"，如图5-38所示。

以上灯光图例均为默认灯光，未调整参数，通过以上图例可以直观了解每个灯光。

图5-38

5.3 泛光灯

泛光灯与聚光灯不同，聚光灯是由一个点向一个方向投射光线，具有一定指向性和角度范围；而泛光灯则是由一个点向周围各个角度发射光。Lumion中自带的泛光灯有5种，如图5-39所示。

泛光灯"Light Fill"，如图5-40所示。

泛光灯"Omit Light Blue"，如图5-41所示。

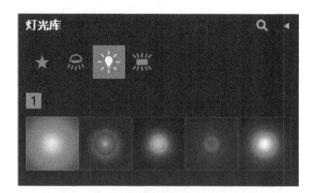

图5-39

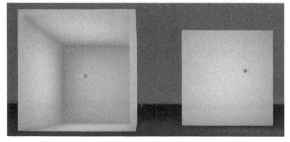

图5-40

图5-41

泛光灯"Omit Light Green"，如图5-42所示。

泛光灯"Omit Light Red"，如图5-43所示。

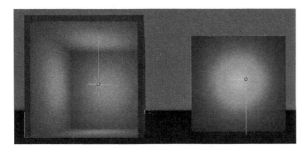 

图5-42　　　　　　　　　　　　　　　　　　图5-43

泛光灯"泛光灯"，如图5-44所示。

泛光灯"Light Fill"与后面4种泛光灯的不同之处是它的默认光的范围较广，可以照亮更多区域，而后面4种泛光灯只有颜色区别，其他参数基本都是一致的。Lumion中的泛光灯有一个弊端，即在泛光灯下的物体是没有影子的，因此大部分泛光灯都用在需要补光的地方。

图5-44

5.4　区域光源

区域光源还有一种常见的叫法为"面光源"。Lumion中的区域光源共有两个：一个是正方形区域光源，另一个是长方形区域光源。两种光源都可以通过相应的参数设置面板修改灯光参数。

区域光源"Area Light"，如图5-45所示。

区域光源"Line Light"，如图5-46所示。

单击区域光源控制点打开区域光源参数设置面板（此处以区域光源"Line Light"为例），如图5-47所示。

图5-45　　　　　　　　　　图5-46　　　　　　　　　　图5-47

通过拖曳"宽度"和"长度"可以调整区域光源的形状和大小，但"长度"和"宽度"都有上限，如果需要的照明区域过大，可以选择多个区域光源配合使用。区域光源同点光源一样，可以使被照物体产生阴影。

5.5 案例练习

5.5.1 现代别墅灯光练习

本案例采用4.7.1小节调整好材质的模型，在已经调整好材质的基础上进行灯光的布置，模型如图5-48所示。

图5-48

01 在加入灯光模型之前，需要先将场景调至夜晚状态，便于加入灯光模型时可以直观看到效果。如果场景是在白天的状态，加入灯光模型后效果就会不明显。选择"天气"选项 进入天气设置面板，如图5-49所示。

02 设置"太阳高度"选项，将太阳高度调低，使场景进入夜晚状态，如图5-50所示。

图5-49

图5-50

技巧与提示

这个场景主要是室外表现，室内部分基本没有细致建模，因此灯光案例中也不做过多室内的讲解，主要围绕室外表现来介绍。前面介绍的3种系统灯光在这个场景中都可以用上。布置场景灯光的思路和第4章材质调整的思路基本是一致的，从大范围开始调整，再来调整小范围的部分。

03 分析场景中需要出现灯光的地方，第一个地方为建筑外部，如图5-51所示。

04 选择灯光模型，打开灯光模型库，如图5-52所示。

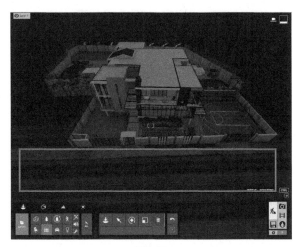

图5-51　　　　　　　　　　　　　　　　　　　　　　图5-52

05 这里需要部分灯光将墙面和墙边的植物照亮，照亮墙面选择聚光灯和区域光源都可以，两种灯光模型在场景中的设置方法基本是一样的。这里以区域光源为例进行讲解，单击打开区域光源模型库，如图5-53所示。

06 区域光源中有两个灯光模型，从预览图中可以看出这两个模型只是在形状上存在差异，这样的差异可以通过在灯光模型设置面板中调整尺寸参数来处理，因此这两个灯光模型基本上算是一模一样的模型。任意选择一个区域光源模型，选择围墙边的花台进行灯光放置，如图5-54所示。

图5-53　　　　　　　　　　　　　　　　　　　　　　图5-54

07 默认灯光模型放置的位置是参照场景的中心坐标轴的，但这个建筑模型没有完全对应中心坐标轴的轴线，因此灯光模型的位置对应场景模型是斜的，这里需要调整灯光模型的位置。单击"方向"选项 打开设置面板，如图5-55所示。

08 拖曳"绕Y轴旋转"选项的进度条调整灯光模型的角度，同时按住Shift键可以小幅度调整角度，调整后如图5-56所示。

图5-55

图5-56

09 默认灯光模型的照射方向是向下的，但是这里模拟的是从花台底部打灯照亮植物和墙面的光源，因此需要调整灯光模型照射的方向。选择"绕X轴旋转"选项调整灯光模型照射的方向，操作方式与上一步一样，按住Shift键同时拖曳"绕X轴旋转"选项的进度条，调整后如图5-57所示。

10 灯光模型最初是放置在花台边缘位置，适当调整灯光模型的位置，将其移动到花台内部，调整后效果如图5-58所示。

11 默认灯光模型光源颜色是白色的，一般情况下可以将灯光颜色调至偏暖或偏冷色调，单击灯光模型的控制点打开灯光参数设置面板，如图5-59所示。

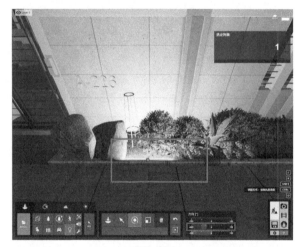

图5-57

图5-58

图5-59

12 单击设置面板中的色板调整灯光颜色，选择一个合适的暖色调颜色即可，调整后效果如图5-60所示。

13 默认灯光模型的光照强度都是比较高的，因此每次放置灯光模型时都需要根据场景单独调整灯光模型的"亮度"参数，还可以增加"减弱"的参数值，使灯光照射的范围变小，调整后效果如图5-61所示。

14 调整好第1个灯光模型后，同类模型可以通过复制这个灯光模型来放置。单击"水平移动"选项 ⬌ 并选中灯光模型的控制点，如图5-62所示。

图5-60

图5-61

图5-62

15 按住Alt键，使用鼠标左键拖曳灯光模型的控制点就可以移动并复制一个灯光模型，如图5-63所示。

16 使用同样的方法复制多个灯光模型，照亮建筑围墙，调整后效果如图5-64所示。

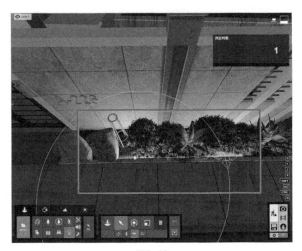

图5-63

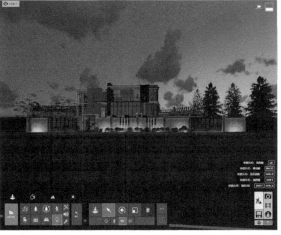

图5-64

17 除了外墙，视角中能看到的部分就剩下室内部分，这里要照亮室内，依旧需要用到区域光源模型。单击选择区域光源模型中的第1个灯光模型，在室内空间顶部单击进行放置，如图5-65所示。

18 放置好灯光模型后会发现灯光模型的尺寸默认是比较小的，一般需要通过设置面板调整灯光模型的尺寸，适当增加"长度"和"宽度"，调整后效果如图5-66所示。

19 调整灯光模型的尺寸后，灯光的强度也会发生变化，区域光源一般会无视模型墙体直接照射到外面，如图5-67所示。

图5-65

图5-66

图5-67

20 这种情况是软件本身对灯光优化的问题，无法从根本上解决，但可以通过调整"减弱"参数值来缓解，适当调整"减弱"参数值后的效果如图5-68所示。

21 这里的灯光同样也需要加入冷暖色调，调整灯光颜色至暖色调，调整后效果如图5-69所示。

图5-68

图5-69

22 灯光调整完成后将视角移动到仰视的角度，可以发现在有灯光模型的情况下，室内顶面依旧是暗的，如图5-70所示。

23 这种情况一般可以通过两种方法解决，第1种方法就是后期出图前加入全局光特效来完善这个灯光，第2种方法是在场景中加两个灯光，一个向上照射，另一个向下照射。这里着重讲解灯光的应用，因此选择第2种方法。单击选择"向上移动"选项 ，按住Alt键同时向下拖曳灯光的控制点，如图5-71所示。

24 选择复制出来的灯光模型，通过旋转调整灯光模型照射的方向，使灯光模型向上照射，如图5-72所示。

图5-70

图5-71

图5-72

25 此时室内空间的下半部分依旧比较暗，可以通过同样的操作再复制一个灯光模型来照亮，如图5-73所示。

26 其他室内空间灯光放置的方法也是一样的，重复上述操作即可，复制灯光到其他位置，效果如图5-74所示。

图5-73

图5-74

27 完成大范围的灯光模型布置后，就可以开始着手放置一些细节部分的灯光模型了，如门前位置的灯及围墙上的灯。选择泛光灯模型库，如图5-75所示。

28 单击第1个泛光灯模型并放置在围墙灯罩的顶部，如图5-76所示。

29 通过"向上移动"选项 调整灯光模型至合适的位置，如图5-77所示。

图5-75

图5-76

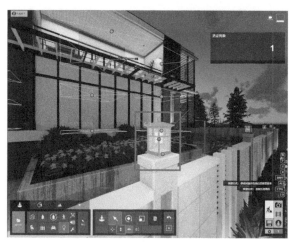

图5-77

30 调整好位置后会发现灯光整体太亮，泛光灯同样也不受模型墙体的影响，会直接照射到每个地方，如图5-78所示。

31 这里需要将灯光模型的"亮度"调低一些，同时调整"减弱"的参数值，然后再将灯光模型的颜色调整为暖色调，调整后效果如图5-79所示。

图5-78

图5-79

32 调整好后将灯光模型复制到场景的其他相应位置。

33 在建筑场景的门前加一些聚光灯，以增加场景中灯光的细节。单击选择聚光灯模型，在模型场景中门的上方位置加上灯光，如图5-80所示。

图5-80

34 这里同样可以将灯光的强度调低一点，灯光颜色加入一部分有色温的颜色，调整后如图5-81所示。

35 整体灯光调整完成后，效果如图5-82所示。

图5-81

图5-82

36 加入部分特效参数并进行渲染，最终效果如图5-83所示。

图5-83

5.5.2 商业示范区灯光练习

这里准备了一个已经调整好材质和模型的场景，
如图5-84~图5-86所示。

图5-84

图5-85

图5-86

01 首先在场景中确定好几个渲染的镜头，再在这几个镜头能看到的位置进行灯光模型的布置，选取的镜头视角如图
5-87~图5-89所示。

图5-87

图5-88

图5-89

02 在布置灯光之前，先将场景调至傍晚状态，这样方便后面做灯光模型的布置，如图5-90所示。

03 从第1个视角开始布置灯光模型。分析第1个视角场景，第1个是主体建筑的内部灯光，第2个是水面景观灯部分，第3个属于局部点缀灯光，主要在场景细节部分放置。第1个建筑内部灯光，建筑内部都是黑的，需要一些光源来照亮室内，这里用到的主要是区域光源。用其他种类的灯光模型也是可以的，但是对于这种不需要细致表现的场景来说，直接使用区域光源更高效。将视角移至室内区域，同时打开灯光模型库，如图5-91所示。

图5-90

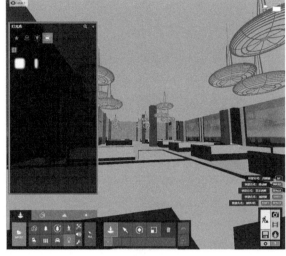

图5-91

04 选择第1个区域光源模型，单击鼠标左键在室内顶部放置灯光模型，如图5-92所示。

05 切换到选择模式，单击灯光模型的控制点打开灯光参数设置面板，如图5-93所示。

图5-92

图5-93

06 在设置面板中调整"长度"和"宽度"参数值，将灯光模型调大，如图5-94所示。

07 这时可以看到区域光源模型的光有很大一部分直接照出了室外，如图5-95所示。

图5-94

图5-95

08 这里可以通过调整设置面板中的"减弱"参数值来缓解这种效果，同时还可以让灯光颜色稍微偏暖色调，如图5-96所示。

09 这样就调整好了一个标准的灯光模型，其他还没有被照亮的部分都可以通过复制这个标准灯光模型来照亮，复制后效果如图5-97所示。

10 对于二层的灯光，直接按住Ctrl键框选一层灯光模型的控制点移动复制即可，调整效果如图5-98所示。

图5-96

图5-97

图5-98

11 接下来进行第2个水面景观灯灯光模型的布置。这里的景观灯模型本身的材质是自发光材质，但这种材质的光并不能对周围环境产生影响，因此需要布置灯光模型。可以使用泛光灯模型来布置，单击打开泛光灯模型库，选择第1个灯光模型，放置在景观灯上方，如图5-99所示。

12 放置灯光后切换到选择模式，单击灯光模型的控制点打开灯光参数设置面板，如图5-100所示。

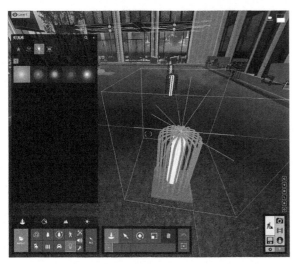
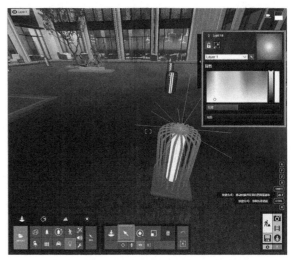

图5-99　　　　　　　　　　　　　　　　　　　图5-100

13 在面板中调整参数，将灯光"亮度"和"减弱"参数值适当调高，如图5-101所示。

14 调整好灯光参数后，通过移动复制快速制作多个灯光，并且将已经调好的标准模型复制到其他景观灯位置，效果如图5-102所示。

图5-101　　　　　　　　　　　　　　　　　　　图5-102

15 第3个局部点缀的灯光，视角中远景的树可以布置一个聚光灯照亮。单击打开聚光灯模型库，加载一个合适的聚光灯模型，并放置在树的旁边，如图5-103所示。

16 灯光模型默认都是向下照射的，这里可以切换到选择模式，单击灯光模型的控制点打开设置面板，选择"目标灯光"选项 ⊕，如图5-104所示。

图5-103

图5-104

17 进入场景之后，直接单击需要照射的地方，灯光模型就会根据鼠标单击的位置调整好方向，如图5-105所示。

18 近景的景观也可以加一景观灯将其照亮。选择一个聚光灯放置到场景中，通过"目标灯光"选项 调整好照射方向，如图5-106所示。

图5-105

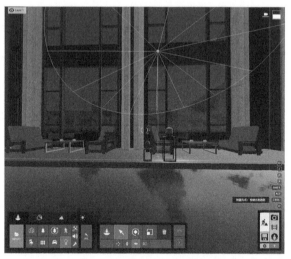

图5-106

19 到这里，基本的灯光就放置完毕了。加入部分特效后即可渲染出图，效果如图5-107所示。

图5-107

20 确定好的第2个视角是一个走廊，需要布置灯光模型的地方有建筑室内部分、走廊内部、走廊边缘花台部分。建筑室内部分需要用到和上一个视角室内部分一样的区域光源，调整方法也一样，调整后效果如图5-108所示。

21 接下来放置走廊灯光，这里可以采用聚光灯模型来照亮走廊部分。选择一个合适的聚光灯模型，放置在走廊的顶部，调整完成后效果如图5-109所示。

图5-108

图5-109

22 放置左侧用于照亮植物部分的灯光模型，这里依旧可以使用区域光源模型，将灯光调至长条状，放置在花台边缘，调整合适的方向照射到植物，调整完成后效果如图5-110所示。

23 到这里，基本的灯光就布置完毕了。进入拍照模式，在已经选好的角度中加入特效，渲染出图，效果如图5-111所示。

24 最后一个视角的灯光放置方法与前面一样，可自行练习布置，效果如图5-112所示。

图5-110

图5-111

图5-112

Lumion 特效

第 6 章

Lumion作为一款渲染软件，比较有特色的就是其特效参数，灵活组合运用这些参数可以极大地提升效果图的最终品质。因此，我们需要熟悉每个特效参数的作用。通过学习本章内容，读者可以快速了解各个特效参数的具体作用。

◆ **本章学习目标**

1.了解软件自带特效

2.熟悉各个特效的具体参数

6.1 Lumion特效基础

单击Lumion界面右下角的拍照模式进入特效界面，如图6-1所示。

Lumion 10.0的特效界面与其以往版本的不同，进一步细化了特效的分类。单击界面左上方的"特效"按钮进入特效选择界面，如图6-2所示。

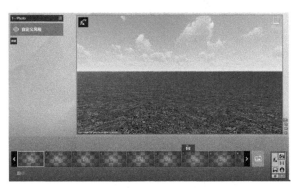

图6-1

图6-2

默认界面只显示9个特效，但Lumion中的特效远不止这9个，通过单击界面右上方的"显示全部"开关可以打开全部特效的列表，如图6-3所示。

Lumion 10.0中的特效共分为9类，分别是太阳、天气、天空、物体、相机、动画、艺术1、艺术2和高级。为了更好地展示各个参数的效果，这里以系统自带的范斯沃斯住宅模型为例进行讲解，如图6-4所示。

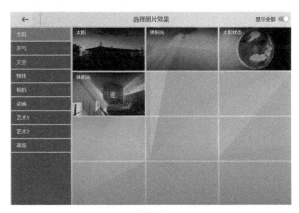

图6-3

图6-4

为了展示的准确性，先将模型中多余的植物和景观删除，并将场景地面处理成白色，如图6-5所示。

图6-5

6.2 太阳特效

6.2.1 太阳

单击"太阳"特效打开太阳特效设置面板，如图6-6所示。设置面板中共有"太阳高度""太阳绕Y轴旋转""太阳亮度""太阳圆盘大小"4个参数可供调节。

图6-6

主要参数介绍

太阳高度：可以模拟从夜晚到中午的太阳光，控制场景中太阳的竖向位置，如图6-7和图6-8所示。

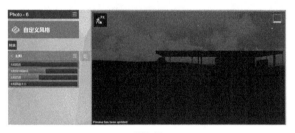

图6-7

图6-8

太阳绕Y轴旋转：Lumion场景中默认都有一个中心坐标轴点，其中绿色的表示y轴，如图6-9所示。而这个参数可以控制太阳绕坐标y轴水平旋转，通过拖曳参数条可以控制太阳的相对水平位置。

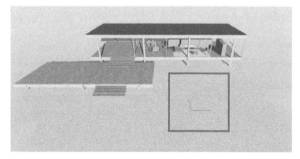

图6-9

太阳亮度：主要控制太阳的光照强度，调节整个场景的亮度，如图6-10和图6-11所示。

图6-10

图6-11

太阳圆盘大小：这个参数对场景中环境的效果影响几乎为零，一般很少用到。通过拖曳参数条只能改变场景中显示太阳的大小，对太阳强度和光照范围没有任何影响，如图6-12和图6-13所示。

图6-12　　　　　　　　　　　　　　　　　图6-13

6.2.2　体积光（God Rays）

这里的"体积光"与6.2.4小节体积光的中文名称一样，所以只能以英文名称来区别。单击"体积光"（God Rays）特效打开体积光设置面板，如图6-14所示。

图6-14

主要参数介绍

衰变：控制光线衰减程度，改变光线照射的范围，如图6-15和图6-16所示。

图6-15　　　　　　　　　　　　　　　　　图6-16

长度：控制体积光光线的长度和照射距离，如图6-17和图6-18所示。

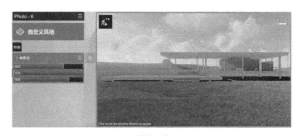

图6-17　　　　　　　　　　　　　　　　　图6-18

强度：控制体积光光线的照射强度，如图6-19和图6-20所示。

图6-19　　　　　　　　　　　　　　　　　图6-20

技巧与提示

　　这里的体积光主要用于室外场景。在室外场景中，通常需要太阳光配合周边环境才能打出有体积感的光线，而且镜头面对太阳时才能直接看到光线，背对太阳时无法看到光线，如图6-21和图6-22所示。

图6-21

图6-22

6.2.3 太阳状态

　　单击"太阳状态"特效，打开设置面板，如图6-23所示。单击面板中的"编辑"选项 可以进入太阳坐标选择界面。

　　在界面中单击地球的区域，按住鼠标右键拖曳可以转动地球，单击选择需要的位置，可以模拟真实世界中太阳对该地区的照射情况，最后单击界面右下角的"确定"按钮完成设置。

　　"太阳状态"特效还有"小时""分钟""白天""月""年""时区""夏令时""纬度""经度"和"向北偏移"10个参数。通过这些参数可以更加精确地调节太阳光照。

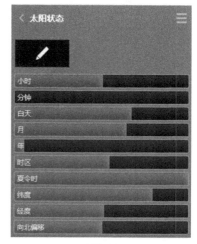

图6-23

主要参数介绍

小时：调整太阳位置，精确到以小时为单位的精度。

分钟：调整太阳位置，精确到以分钟为单位的精度。

白天：调整太阳亮度，参数条起始点为白天，末端为夜晚。

月：调整太阳位置，精确到以月为单位的精度。

年：调整太阳位置，精确到以年为单位的精度。调整这个参数选项，基本没有明显的效果变化。

时区：调整太阳位置，精确到以时区为单位的精度。

夏令时：以夏令时为标准调整太阳的位置。

纬度：模拟各个纬度地区太阳的位置。

经度：模拟各个经度地区太阳的位置，功能基本与时区一致。

向北偏移：用于调整模型所在位置的东、南、西、北方向。

6.2.4　体积光（Volumetric Sunlight）

该体积光与前面所讲的体积光（God Rays）的不同之处在于，开启后始终存在于画面中，不管是在正对太阳的视角还是在背对太阳的视角，几乎都可以看到该特效产生的体积光。

图6-24

这里的体积光只能调节"亮度"和"范围"两个参数，如图6-24所示。

主要参数介绍

亮度：用于调整体积光的亮度，如图6-25和图6-26所示。

图6-25

图6-26

范围：用于调整体积光散布的范围，如图6-27和图6-28所示。

图6-27

图6-28

6.3　天气特效

6.3.1　雾气

单击"雾气"特效打开设置面板，如图6-29所示。

图6-29

主要参数介绍

雾气密度：调节参数条可以控制画面中雾气的密度，如图6-30和图6-31所示，可以看到画面中雾气的变化。

图6-30

图6-31

雾衰减："雾气"特效一般会使整个画面都产生雾气效果，而"雾衰减"是从上至下对雾气进行减弱，如图6-32~图6-34所示。

图6-32

图6-33

图6-34

雾气亮度：可以控制画面中雾气的亮度。设置面板最下方还有一个"亮度"参数，该参数与"雾气亮度"参数的关系类似于叠加效果，在调节雾气亮度的基础上可以通过"亮度"参数叠加亮度效果。

调色板：主要控制雾气的颜色，一般保持默认。当用于特殊场景时，可以在调色板中选择需要的颜色。

6.3.2 风

单击"风"特效打开设置面板，如图6-35所示。这个特效一般用于动画效果，且只能影响场景中Lumion自带的植物模型。开启该特效，场景中的植物模型会模拟被风吹动的效果，参数值越高，植物摆动的幅度越大。

图6-35

6.3.3 沉淀

单击"沉淀"特效打开设置面板，如图6-36所示。

图6-36

主要参数介绍

雨/雪：拖曳参数条可以在场景中模拟雨后、小雨、暴雨、雪天等特效。当参数值为0.5及以上时，场景中的雨就会变成雪。

降水阶段：用于调整下雨或下雪的阶段。参数值为0或1时表示接近雨停或雪停的阶段；参数值越接近0.5，下雨或下雪的程度越接近最大值。

粒子数量：用于调整场景中显示在画面中的雨或雪在空中飘落的数量。

粒子大小：用于调整场景中显示在画面中的雨滴或雪的大小。

被植物和树木堵塞：用于调整植物和树木对雨雪的遮挡范围，数值越大，植物对雪或雨的遮挡范围越大，如图6-37和图6-38所示。

图6-37

图6-38

阻塞距离：用于调整雨或雪被阻塞的距离范围。

添加雾：该参数与"雾气"特效较为相似，功能基本一致，用于添加雨天的雾气，如图6-39和图6-40所示。

图6-39

图6-40

阻塞偏斜：用于调整雨或雪对植物和树木的影响范围，如图6-41和图6-42所示。

图6-41

图6-42

6.4 天空特效

6.4.1 北极光

单击"北极光"特效打开设置面板，如图6-43所示。通过调整这些参数可以模拟北极极光的特效，如图6-44所示。但是直接打开"北极光"特效是不能得到图中效果的，除了调整参数外，还需要配合"太阳"或者"真实天空"特效，再将场景调整至夜晚状态，才可以显示出北极光。

图6-43

图6-44

主要参数介绍

亮度：主要用于调整北极光的亮度，如图6-45和图6-46所示。

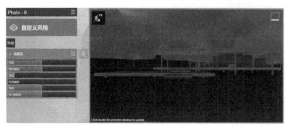

图6-45

图6-46

颜色偏移：主要用于调整北极光的颜色，如图6-47和图6-48所示。

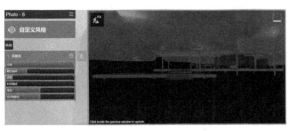

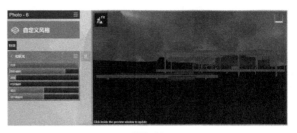

图6-47　　　　　　　　　　　　　　　　　　　图6-48

速度：主要用于调整北极光的速度。该参数只能在动画中使用，可以直接影响画面中北极光的动态效果。参数值越大，北极光波动的速度越快。

时间偏移：主要用于调整北极光在单帧画面中的位置。

缩放：主要用于调整北极光的大小。

绕Y轴旋转：主要用于调整北极光的方向。

6.4.2　真实天空

单击"真实天空"特效打开设置面板，如图6-49所示。单击设置面板中的天空图片打开天空素材库，如图6-50所示。天空素材库中共有7类天空的素材，直接单击需要的天空素材预览图就可以在场景中加载出预览图里的天空场景，且每个素材都有独立的光照模拟。这些素材虽然与天空贴图相似，但又不同于平面的天空贴图。

图6-49　　　　　　　　　　　　　　　　　图6-50

主要参数介绍

绕Y轴旋转：调整该参数可以转动天空素材贴图。

亮度：调整亮度可以直接影响天空素材贴图的明亮程度，对场景环境的光照没有影响。

总体亮度：直接控制整体场景的明暗程度。

翻转天空：翻转天空开关用于在不改变太阳位置的前提下翻转天空素材的方向，如图6-51和图6-52所示。

图6-51

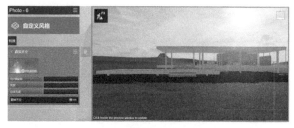

图6-52

6.4.3 天空和云

单击"天空和云"特效打开设置面板，如图6-53所示。

图6-53

技巧与提示

这里的"天空和云"特效与前面的"真实天空"特效是不能共同存在于场景特效中的，"真实天空"特效具有优先级，会直接覆盖掉"天空和云"特效。"真实天空"特效的天空属于贴图，因此不能对特效中的天空和云彩做修改，而"天空和云"特效则可以通过众多参数对天空和云彩做更加详细的调整。

主要参数介绍

位置：主要用于调整天空中云的位置。

云速度：主要用于调整动画中云的移动速度。

主云量：主要用于调整画面中云的数量，如图6-54和图6-55所示。

图6-54   图6-55

低云：主要用于调整画面低空中云的数量，如图6-56和图6-57所示。

图6-56

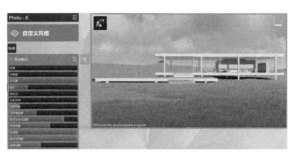

图6-57

高空云：主要用于调整画面高空中云的数量，如图6-58和图6-59所示。

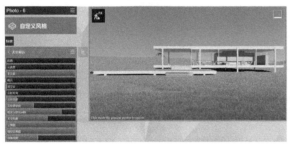

图6-58

图6-59

云彩方向：主要用于调整动画中云的移动方向。

云彩亮度：主要用于调整云的亮度。

云彩柔软度：主要用于调整云边缘的柔化程度，如图6-60和图6-61所示。

图6-60

图6-61

低空云软化消除：主要用于消除低空中云的软化效果。

天空亮度：主要用于调节画面中天空的亮度，不影响太阳光的照明。

云预置：主要用于切换云的样式，系统默认有10种云的样式，通过调节参数值可以切换各种样式。

高空云预置：主要用于设置高空中云层的样式。

总体亮度：主要用于调整总体亮度，会直接影响到整体的照明。

6.4.4　凝结

单击"凝结"特效打开设置面板，如图6-62所示。

　　"凝结"特效共有3个参数可以调节。开启"凝结"特效后，场景天空中会出现白色线条，用于模拟天空中类似飞机飞过时遗留的水汽凝结的特效，一般在制作动画时使用比较明显。

图6-62

植物：主要用于调整植物凝结。

径长度：主要用于调整凝结的长度。

随机分布：主要用于调整空中凝结的分布位置。

6.4.5 体积云

单击"体积云"特效打开设置面板，如图6-63所示。"体积云"特效参数可以对云层进行更深入的调整，这里的云可以对太阳光线直接产生影响。

图6-63

技巧与提示

不同于前面所讲到的"真实天空"和"天空和云"特效，"体积云"特效可以在"天空和云"特效下叠加使用。

主要参数介绍

数量：用于调节体积云的数量，如图6-64和图6-65所示。

图6-64

图6-65

高度：用于调节体积云的高度。

柔化：用于调节体积云的柔化程度。

去除圆滑：用于去除体积云的柔化效果。

位置：用于调整体积云的位置。

速度：用于调整体积云在动画中移动的速度。

亮度：用于调整体积云的亮度。

预设：用于切换体积云的预设样式。

6.4.6 地平线云

单击"地平线云"特效打开设置面板，如图6-66所示。开启"地平线云"特效后，调大参数值会在场景中远处地平线以上位置产生云层，如图6-67和图6-68所示。

图6-66

图6-67　　　　　　　　　　　　　　　图6-68

主要参数介绍

数量：用于调整地平线云的数量。

类型：用于切换地平线云的预设样式。

6.4.7 月亮

单击"月亮"特效打开设置面板，如图6-69所示。"月亮"特效参数的调节方式与"太阳"特效参数的调节方式基本一致。开启特效后，场景中才会有比较明显的月亮，如图6-70所示。

图6-69　　　　　　　　　　　　　　　图6-70

技巧与提示

要开启"月亮"特效，必须要先开启"太阳"特效，并且需要将太阳高度调低。

主要参数介绍

月亮高度：用于调整月亮在画面中的高度。

月亮位置：用于调整月亮在画面中的位置。

月亮尺寸：用于调整月亮在画面中的尺寸。

6.5 物体

6.5.1 水

单击"水"特效打开设置面板，如图6-71所示，默认两个参数都是关闭状态。

开启"水下"参数可以模拟在海底中的场景，如图6-72所示。可以看到整个画面呈棕色，此处是因为在景观面板中，默认水的类型是污水，如图6-73所示。在这里修改水的类型，就可以改变开启"水"特效后水下的颜色。

图6-71

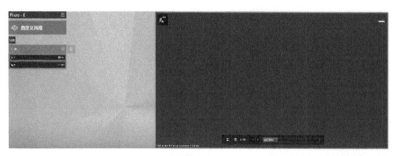

图6-72

图6-73

要开启"海洋"参数，需要先开启景观面板中的"海洋"开关。只在景观面板中开启"海洋"特效时，渲染效果图或者动画场景中不会出现海洋，需要同时开启景观面板和"水"特效中的"海洋"参数开关才行，如图6-74所示。

图6-74

6.5.2 声音

单击"声音"特效打开设置面板，如图6-75所示。可以为当前动画加载预先准备好的音频，通过下方两个参数可以调整音频的具体音量和效果。这里加入的音频文件精度不高，一般动画制作建议采用第三方软件进行进一步的编辑。

主要参数介绍

特殊效果：用于给导入的音乐添加特殊音效。

音乐：用于调整音乐的音量。

图6-75

6.5.3　层可见性

单击"层可见性"特效打开设置面板，如图6-76所示。

设置面板中默认有5个图层选项，分别对应了编辑模式下的各个图层，蓝色背景为开启图层的状态，灰色背景则是关闭图层的状态，关闭图层后效果预览画面中将隐藏该图层的所有模型。

图6-76

6.5.4　秋季颜色

单击"秋季颜色"特效打开设置面板，如图6-77所示。这个特效主要用于对场景中的植物进行调色，通过"色相""饱和度"可以直接调整场景中植物的颜色。

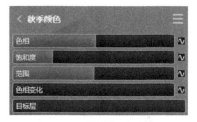

图6-77

主要参数介绍

色相：用于调整画面中植物的色相，如图6-78和图6-79所示。

图6-78

图6-79

饱和度：用于调整画面中植物颜色的饱和度，如图6-80和图6-81所示。

图6-80

图6-81

范围：用于调整"秋季颜色"特效影响植物的范围，如图6-82和图6-83所示。

图6-82　　　　　　　　　　　　　　　　图6-83

色相变化：用于同时随机调整多个植物色相的颜色，可以增加画面中色彩的丰富程度，这个效果会影响全局的植物，并且没有办法精确控制，因此使用局限较大，如图6-84和图6-85所示。

图6-84　　　　　　　　　　　　　　　　图6-85

目标层：用于调整需要影响植物的图层的位置，拖曳参数条可以切换图层，但只能选择一个图层，无法同时影响多个图层。

6.5.5　变动控制

单击"变动控制"特效打开设置面板，如图6-86所示。这个特效主要用于制作简易生长动画。单击画笔图标可以进入场景中选择生长动画主体模型的控制点，这里生长动画的主体模型需要分成多个文件单独导入Lumion中。拖曳下方的"当前变化"参数条可以调整生长模型素材当前的变化状态。

图6-86

6.6　相机

6.6.1　照片匹配

"照片匹配"特效主要用于将模型文件与照片相结合，类似于将模型单独抠出放置到事先准备的照片中，与照片中的场景结合。打开照片匹配特效设置面板，如图6-87所示。

图6-87

单击画笔图标进入编辑界面，左侧为编辑功能选项，右侧为场景效果预览图，如图6-88所示。

图6-88

打开编辑界面后，单击放置参考点就可以进入模型场景，这里需要放置一个用于控制模型位置的参考点，如图6-90所示。放置好参考点后，单击画面右下方的"确认"按钮回到编辑界面，这时模型就会出现在右侧效果预览框内，如图6-91所示。

图6-90

技巧与提示

这时画面中的图片是软件默认自带的图片，单击左侧上方的图片可以切换为自己喜欢的背景图片，如图6-89所示。

图6-89

图6-91

主要参数介绍

方向：可以改变模型在场景中的方向，旋转时参考开始设置的放置参考点。

缩放：用于控制完成设置后的模型在场景中的大小，可根据背景图片的尺寸来调整模型最终的大小，如图6-92所示。

透明度：可以调整模型在场景中的透明程度。

变暗：可以调整整体场景的暗度。

图6-92

6.6.2 手持相机

单击"手持相机"特效打开设置面板，如图6-93所示。这个特效主要用于在制作动画路径时模拟人走路时的视角，其中"倾斜"参数可以将视角调整为竖屏。

图6-93

主要参数介绍

摇晃强度：控制动画中相机的摇晃程度，用于模拟手持相机拍摄的既视感。

淡入/淡出：用于在画面开头和结尾添加淡入或淡出特效，一般需要后期处理的动画都不建议使用这个特效，可以在其他视频编辑软件中添加这样的转场特效。

径向渐变开/关：用于提亮画面中心位置，如图6-94和图6-95所示。

图6-94

图6-95

径向渐变数量：用于调整渐变的数量，如图6-96~图6-98所示。

径向渐变饱和：用于调整画面中心部位的饱和度。

图6-96

图6-97

图6-98

倾斜：用于调整摄像机的方向，以此可以旋转摄像机，使默认的横屏画面变成竖屏画面，也可用于动画中的旋转镜头。

焦距（毫米）：用于调整摄像机的焦段距离。

观看固定点：设置观看位置以固定相机方向，一般在动画中才有这个选项，类似追踪摄影，与云台的功能类似。开启后选择观看固定点，不管后期动画路径如何设置，观看固定点始终都会处于画面的中心位置。

6.6.3 曝光度

单击"曝光度"特效打开设置面板，如图6-99所示。拖曳"曝光度"参数条可以直接调整场景整体的曝光度。

图6-99

6.6.4 2点透视

单击"2点透视"特效打开设置面板，如图6-100所示。

图6-100

主要参数介绍

启用：默认场景视图是人眼看到的视图，开启"2点透视"特效后，会将场景调整为两点透视场景，如图6-101和图6-102所示。

数量：将参数条拉满会强行拉伸画面，一般用于人视角的图，不适用于鸟瞰及视点较高的图。

图6-101

图6-102

6.6.5 动态模糊

单击"动态模糊"特效打开设置面板，如图6-103所示。该特效一般用于动画制作，动画场景中有移动的物体时，开启后会在移动物体后方产生残影的效果，残影程度可通过"数量"参数条调整。

图6-103

6.6.6 景深

单击"景深"特效打开设置面板，如图6-104所示。

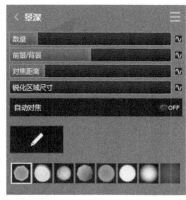

图6-104

技巧与提示

"景深"效果一般在虚化场景突出主体时使用，通过调整"数量"参数可增加或减少场景中的虚化效果，通过调整"前景/背景""对焦距离""锐化区域尺寸"3个参数可确定突出的主体部分。

主要参数介绍

数量：用于调节"景深"效果的量，如图6-105和图6-106所示。

图6-105

图6-106

前景/背景：用于控制"景深"效果影响画面中场景是前景还是背景，如图6-107和图6-108所示。

对焦距离：用于调整对焦的距离，从而调整"景深"效果影响场景的远近位置。

锐化区域尺寸：用于调整画面中心锐化区域的尺寸。

自动对焦：开启"自动对焦"选项后在场景中选择一个对焦点，画面中选中位置将始终处于锐化区域。

图6-107　　　　　　　　　　　　　　图6-108

6.6.7　镜头光晕

单击"镜头光晕"特效打开设置面板，如图6-109所示。"镜头光晕"特效一般用于控制场景中灯光和太阳产生的光晕。

主要参数介绍

光斑强度：用于调整镜头中太阳的光斑强度，如图6-110和图6-111所示。

图6-109

图6-110

图6-111

光斑自转：用于调整镜头中太阳产生的光斑位置，如图6-112和图6-113所示。

图6-112   图6-113

光斑数量：用于调整光斑的数量，如图6-114和图6-115所示。

图6-114   图6-115

条纹色散：用于调整光斑的色散值，如图6-116和图6-117所示。

图6-116   图6-117

光斑衰减：用于调整光斑的长度，如图6-118和图6-119所示。

图6-118   图6-119

绽放数量：用于调整光斑中心的范围，如图6-120和图6-121所示。

图6-120

图6-121

主亮度：用于调整光斑中心的亮度，如图6-122和图6-123所示。

图6-122

图6-123

变形条纹数量：用于调整变形条纹的数量，如图6-124和图6-125所示。

图6-124

图6-125

重影数量：用于调整重影的数量，如图6-126和图6-127所示。

图6-126

图6-127

分割明亮像素：用于调整光斑中心的明亮程度，如图6-128和图6-129所示。

图6-128　　　　　　　　　　　　　图6-129

晕轮数量：用于调整光晕晕轮的数量，如图6-130和图6-131所示。

图6-130　　　　　　　　　　　　　图6-131

镜头灰尘量：通过调整镜头上的灰尘数量模拟现实中镜头花掉的情况，如图6-132和图6-133所示。

图6-132　　　　　　　　　　　　　图6-133

6.6.8 色散

单击"色散"特效打开设置面板，如图6-134所示。"色散"特效用于模拟在强烈阳光下人眼视线中产生的色散现象，如图6-135所示。

图6-134　　　　　　　　　　　　　图6-135

主要参数介绍

分散：用于调整"色散"特效的分散范围，如图6-136和图6-137所示。

图6-136

图6-137

受影响区域：用于调整"色散"特效的作用范围，如图6-138和图6-139所示。

图6-138

图6-139

自成影：开启后保持画面位置不动，直接在物体边缘形成色散效果，如图6-140和图6-141所示。

图6-140

图6-141

6.6.9 鱼眼

单击"鱼眼"特效打开设置面板，如图6-142所示。"鱼眼"特效通过拉伸画面来模拟鱼眼镜头，可以通过"扭曲"参数调整画面场景拉伸的力度，如图6-143和图6-144所示。

图6-142

图6-143

图6-144

6.6.10 移轴摄影

单击"移轴摄影"特效打开设置面板，如图6-145所示。

图6-145

技巧与提示

这里的"移轴摄影"特效与前面的"景深"特效类似，"景深"特效是通过场景中的距离远近产生虚化形成虚实关系，而"移轴摄影"特效则是直接在场景中指定目标区域虚化周围，多用于鸟瞰视角。

主要参数介绍

数量：用于调整画面模糊效果的数量，如图6-146和图6-147所示。

图6-146

图6-147

变换量：用于调整"移轴摄影"特效的聚焦位置，如图6-148和图6-149所示。

图6-148

图6-149

旋转：用于旋转"移轴摄影"特效作用的位置，如图6-150和图6-151所示。

图6-150

图6-151

锐化区域尺寸：用于调整锐化区域的尺寸，如图6-152和图6-153所示。

图6-152

图6-153

6.7 动画

6.7.1 群体移动

单击"群体移动"特效打开设置面板，如图6-154所示。单击画笔图标打开设置面板进入场景，如图6-155所示。

图6-154

图6-155

设置面板中有3个主要的选项，第1个是"放置路径"选项 ，单击该选项后在场景中单击两点可以形成群体移动的路径，在路径上方放置人物或者交通工具后，在动画中就会形成自动化的人流和车流；第2个选项 用于修改已经放置好的路径位置；第3个为"删除"选项 ，用于删除已经放置的路径。

技巧与提示

"群体移动"特效一般用于大场景配景的制作，无法制作较为精确的移动路径。

6.7.2 移动

单击"移动"特效打开设置面板，如图6-156所示。单击画笔图标打开设置面板进入场景，如图6-157所示。

图6-156

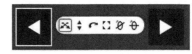

图6-157

设置面板中左右两侧分别为"开始位置"和"结束位置"选项，中间分别是"移动""垂直移动""旋转""缩放""绕X轴旋转""绕Z轴旋转"选项，这些选项用于移动场景中动画制作需要移动的模型，分别指定开始位置和结束位置就可以在动画中产生移动路径。

6.7.3 高级移动

单击"高级移动"特效打开设置面板，如图6-158所示。下方的"时间偏移"参数可以调节模型动作开始的时间。

单击画笔图标打开设置面板进入场景，如图6-159所示。与前面两个移动特效相比，"高级移动"特效有更多可调节的参数，可以实现更加精确的模型移动。相比"移动"特效，"高级移动"特效多了一个时间参数，在时间参数条上可以指定模型动作，使模型动作精确到时间节点。

图6-158

图6-159

6.7.4 天空下降

单击"天空下降"特效打开设置面板，如图6-160所示。"天空下降"特效主要用于制作生长动画，可以模拟模型从空中下降掉落到场景中。下方参数可以调节场景中模型下降的持续时间和模型之间的时间间隔。

主要参数介绍

偏移：用于调整下降特效中受影响物体的下降时间。

持续时间：用于调整下降动作所用的时间，一般需要小于整段动画的时长。

图6-160

间距：当选中多个模型进行下降时，用于调整受下降动作影响的物体先后下降的时间间距。

6.7.5 动画灯光颜色

单击"动画灯光颜色"特效打开设置面板，如图6-161所示。"动画灯光颜色"特效主要用于调节动画中的灯光颜色。单击"选择灯光"图标进入场景中，选择需要制作变化的灯光控制点，调节下方的3个颜色参数，同时单击每个参数后面的波浪线图标打上关键帧，就可以实现动画中的灯光变化。3种颜色结合使用可以调节出其他颜色。

图6-161

6.7.6 时间扭曲

单击"时间扭曲"特效打开设置面板，如图6-162所示。"时间扭曲"特效主要用于精确调节场景中人物和动物的开始或者某个时间节点的动作。

图6-162

技巧与提示

　　Lumion中很多人物和动物模型都是自动运动的，无法直接调节其动作，通过"时间扭曲"特效可以实现精确调节。

主要参数介绍

　　偏移已导入带有动画的角色和动物：用于影响带有动画的人物和动物的动作，如图6-163和图6-164所示。

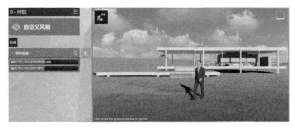 

图6-163　　　　　　　　　　　　　　　　　　　图6-164

　　偏移已导入带有动画的模型：用于影响带有动画的模型。

6.8 艺术1

6.8.1 勾线

　　单击"勾线"特效打开设置面板，如图6-165所示。开启"勾线"特效可以改变整个场景的风格，使画面更偏向于手绘彩色线稿，如图6-166所示。

图6-165

图6-166

主要参数介绍

　　颜色变化：用于调整画面颜色，由原色到黑白灰色再到黑白线条图，如图6-167~图6-169所示。

图6-167

图6-168

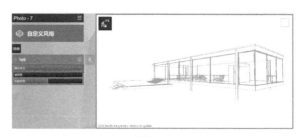

图6-169

透明度：用于调整勾线效果的透明度，如图6-170和图6-171所示。

图6-170

图6-171

轮廓密度：用于调整线条的密度，如图6-172和图6-173所示。

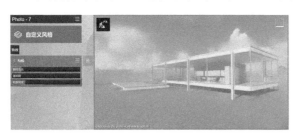

图6-172

图6-173

6.8.2 颜色校正

单击"颜色校正"特效打开设置面板，如图6-174所示。"颜色校正"特效用于调整整体画面的色调，在这里调整可以节省出图后后期处理的时间。

图6-174

主要参数介绍

温度：用于调整画面整体的色温，如图6-175和图6-176所示。

图6-175

图6-176

着色：用于调整画面整体颜色在洋红与绿色之间的倾向，如图6-177和图6-178所示。

图6-177

图6-178

颜色校正：用于校正画面中的颜色，如图6-179和图6-180所示。

图6-179

图6-180

亮度：用于调整画面整体的亮度，作用类似于曝光度，如图6-181和图6-182所示。

图6-181

图6-182

对比度：用于调整画面整体的对比度，如图6-183和图6-184所示。

图6-183

图6-184

饱和度：用于调整画面整体的饱和度，如图6-185和图6-186所示。

图6-185　　　　　　　　　　　　　　　　　　图6-186

伽马校正：用于调整画面整体的伽马值，如图6-187和图6-188所示。

图6-187　　　　　　　　　　　　　　　　　　图6-188

下限：用于调整亮度的下限，如图6-189和图6-190所示。

图6-189　　　　　　　　　　　　　　　　　　图6-190

上限：用于调整亮度的上限，如图6-191和图6-192所示。

图6-191　　　　　　　　　　　　　　　　　　图6-192

6.8.3 粉彩素描

单击"粉彩素描"特效打开设置面板，如图6-193所示。"粉彩素描"特效用于模拟素描或者彩铅效果，通过对面板中的各个参数进行调节实现。另外，选择面板下方系统自带的8个风格，可以直接加载效果到场景。

主要参数介绍

精度：用于调整素描效果的清晰度，如图6-194和图6-195所示。

图6-193

图6-194

图6-195

概念风格：用于调整画面的风格，如图6-196和图6-197所示。

图6-196

图6-197

轮廓密度：用于调整素描效果在画面中对形体轮廓密度的影响，如图6-198和图6-199所示。

图6-198

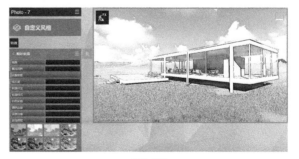

图6-199

线长度：用于调整画面中线的长度，如图6-200和图6-201所示。

图6-200

图6-201

轮廓淡出：用于调整轮廓的淡显程度，如图6-202和图6-203所示。

图6-202

图6-203

轮廓样式：用于调整轮廓的样式，如图6-204和图6-205所示。

图6-204

图6-205

白色轮廓：用于调整白色轮廓的程度，如图6-206和图6-207所示。

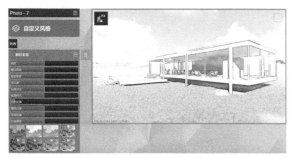
图6-206

图6-207

颜色边缘：用于调整轮廓边缘的颜色，如图6-208和图6-209所示。

图6-208

图6-209

深度边缘：用于调整画面中形体的边缘深度，如图6-210和图6-211所示。

图6-210

图6-211

边缘厚度：用于调整画面中形体的边缘厚度，如图6-212和图6-213所示。

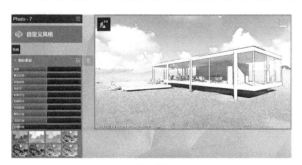

图6-212

图6-213

6.8.4　标题

　　单击"标题"特效打开设置面板，如图6-214所示。单击中间空白区域可以输入需要的标题文字。"标题"特效用于给动画加入标题。单击画笔图标打开设置面板，如图6-215所示。

图6-214

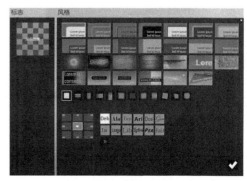

图6-215

单击左侧的画笔图标可以打开文件管理器，用于加载事先准备的素材文件。右侧是系统自带的一些文字风格、文字转场方式、文字位置及字体。如果要精确调节文字，则需要通过其他软件实现。

主要参数介绍

启动于（%）：用于调整标题启动的时间。

持续时间（秒）：用于调整标题在画面中持续出现的时间。

输入/输出持续时间（秒）：用于调整标题出现和结束的过程的时间。

文本大小：用于调整标题的大小。

徽标大小：用于调整徽标的大小。

6.8.5 图像叠加

单击"图像叠加"特效打开设置面板，如图6-216所示。"图像叠加"可以用于制作动画的交叉溶解转场特效，单击左侧图标可以打开文件管理器，在文件管理器中找到并打开需要叠加的图像文件，拖曳"不透明度"参数条可以调整图像叠加的不透明度。

图6-216

6.8.6 淡入/淡出

单击"淡入/淡出"特效打开设置面板，如图6-217所示。"淡入/淡出"也属于动画制作中的一个转场特效，拥有"黑色""白色""模糊""黑色模糊"4种特效。

图6-217

主要参数介绍

持续时间（秒）：用于调整淡入持续的时间。

输出持续时间（秒）：用于调整淡出持续的时间。

6.8.7 草图

单击"草图"特效打开设置面板，如图6-218所示。"草图"特效与前面的"粉彩素描"和"勾线"特效基本一致，开启后效果如图6-219所示。

图6-218

图6-219

主要参数介绍

精度：用于调整草图效果的清晰度，如图6-220和图6-221所示。

图6-220　　　　　　　　　　　　　　　　　　　图6-221

草图风格：用于切换预设草图的风格，如图6-222和图6-223所示。

图6-222　　　　　　　　　　　　　　　　　　　图6-223

对比度：用于调整画面的对比度，如图6-224和图6-225所示。

图6-224　　　　　　　　　　　　　　　　　　　图6-225

染色：用于调整画面的染色程度，如图6-226和图6-227所示。

 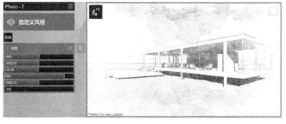

图6-226　　　　　　　　　　　　　　　　　　　图6-227

轮廓淡出：用于调整画面中形体轮廓的淡出效果，如图6-228和图6-229所示。

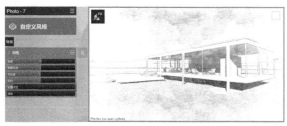

图6-228

图6-229

动态：用于在动画中增加画面的动感效果，如图6-230和图6-231所示。

图6-230

图6-231

6.8.8 锐利

单击"锐利"特效打开设置面板，如图6-232所示。通过调整"强度"值可以增加画面的锐利程度，使画面更加清晰，如图6-233和图6-234所示。

图6-232

图6-233

图6-234

6.8.9 绘画

单击"绘画"特效打开设置面板，如图6-235所示。"绘画"特效用于模拟油画的效果，通过调节下方的参数可以改变绘画风格、细节等，开启后效果如图6-236所示。

图6-235

图6-236

主要参数介绍

涂抹尺寸：用于调整画面绘画效果笔刷的尺寸，如图6-237和图6-238所示。

图6-237   图6-238

风格：用于切换绘画风格，如图6-239和图6-240所示。

图6-239   图6-240

印象：用于调整画面中模拟绘画的笔触的深浅，如图6-241和图6-242所示。

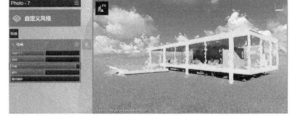

图6-241   图6-242

细节：用于调整画面中细节部分的数量，如图6-243和图6-244所示。

图6-243   图6-244

随机偏移：用于在动画中增加画面的动感效果，如图6-245和图6-246所示。

图6-245

图6-246

6.8.10 暗角

单击"暗角"特效打开设置面板，如图6-247所示。开启"暗角"特效后画面周围一圈会变暗，如图6-248所示。

图6-247

图6-248

主要参数介绍

晕影数量：增加或减少画面中晕影的数量。

晕影柔化：用于调整阴影边缘的柔化程度。

6.8.11 噪音

单击"噪音"特效打开设置面板，如图6-249所示。开启"噪音"特效后画面会变得较为粗糙，这个特效基本类似于以前的老电视在信号不好时会产生许多噪点的效果，开启后效果如图6-250所示。

图6-249

图6-250

强度：用于调整画面中噪音的强度，如图6-251和图6-252所示。

图6-251　　　　　　　　　　　　　　　　　图6-252

颜色：用于调整噪音的颜色，如图6-253和图6-254所示。

 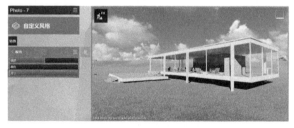

图6-253　　　　　　　　　　　　　　　　　图6-254

尺寸：用于调整噪音的肌理尺寸，如图6-255和图6-256所示。

图6-255　　　　　　　　　　　　　　　　　图6-256

6.8.12　水彩

单击"水彩"特效打开设置面板，如图6-257所示。"水彩"特效用于模拟水彩画的效果，通过调节下方的参数可以改变水彩画精度等，开启后效果如图6-258所示。

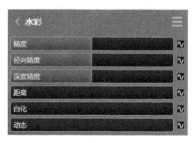 

图6-257　　　　　　　　　　　　　　　　　图6-258

主要参数介绍

精度：用于调整在水彩效果下画面的精度值，如图6-259和图6-260所示。

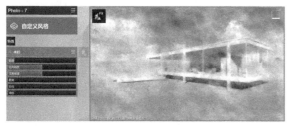

图6-259   图6-260

径向精度：用于调整在水彩效果下画面由近到远的精度值，如图6-261和图6-262所示。

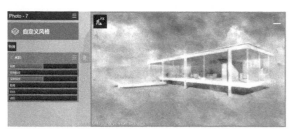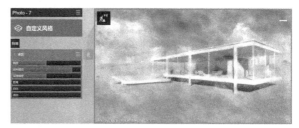

图6-261   图6-262

深度精度：用于调整在水彩效果下画面的深度精度值，如图6-263和图6-264所示。

图6-263   图6-264

距离：用于调整画面的模糊距离，如图6-265和图6-266所示。

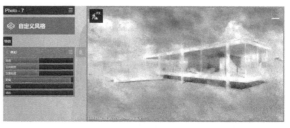

图6-265   图6-266

白化：用于增加画面的白色边缘，与"暗角"特效基本是相反的，如图6-267和图6-268所示。

动态：用于在动画中增加动态特效，如图6-269和图6-270所示。

图6-267

图6-268

图6-269

图6-270

6.9 艺术2

6.9.1 泛光

　　单击"泛光"特效打开设置面板，如图6-271所示。开启"泛光"特效后的效果如图6-272所示。

图6-271

图6-272

主要参数介绍

数量：用于调整画面泛光的强度，如图6-273和图6-274所示。

图6-273

图6-274

6.9.2 模拟色彩实验室

单击"模拟色彩实验室"特效打开设置面板，如图6-275所示。开启"模拟色彩实验室"特效后，拖曳"风格"参数条可以预览系统自带的滤镜，通过调节"数量"参数可以调整滤镜风格在场景中使用的量。

图6-275

主要参数介绍

风格：用于调整画面整体的颜色风格，如图6-276和图6-277所示。

图6-276

图6-277

数量：用于调整颜色风格的数量，如图6-278和图6-279所示。

图6-278

图6-279

6.9.3 漫画

单击"漫画"特效打开设置面板，如图6-280所示。"漫画"特效可以将画面变成漫画风格，开启后效果如图6-281所示。

图6-280

图6-281

主要参数介绍

填充方法：用于调整"漫画"特效的填充样式，如图6-282和图6-283所示。

Outline vs fill：用于调整画面的曝光度，如图6-284和图6-285所示。

图6-282

图6-283

图6-284

图6-285

Tone count：用于调整画面中"漫画"特效填充的程度，如图6-286和图6-287所示。

染色：用于调整画面颜色的明暗程度，如图6-288和图6-289所示。

图6-286

图6-287

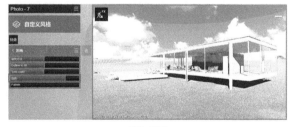

图6-288

图6-289

Pattern：用于调整画面表面的纹理，如图6-290和图6-291所示。

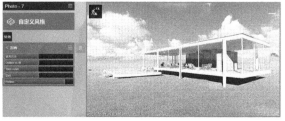

图6-290

图6-291

6.9.4 泡沫

单击"泡沫"特效打开设置面板，如图6-292所示。开启"泡沫"特效后效果如图6-293所示。

图6-292

图6-293

主要参数介绍

漫射：用于调整画面中形体的漫反射值，如图6-294和图6-295所示。

图6-294

图6-295

减少噪点：用于调整画面的噪点，如图6-296和图6-297所示。

图6-296

图6-297

6.9.5 选择饱和度

单击"选择饱和度"特效打开设置面板，如图6-298所示。"选择饱和度"特效用于调整颜色的饱和度。除了"残余色减饱和"参数外，其他各项参数默认打开是全部调满的状态，这样在选择颜色时可以清晰看出选中的颜色。

图6-298

主要参数介绍

颜色选择：调整"颜色选择"参数可以通过画面中的颜色变化选择画面中需要调整饱和度的颜色范围，选中的颜色范围会在画面中变亮。

范围：用于调整选中的颜色范围。

饱和度：用于调整选中的颜色范围的饱和度。

黑暗：用于调节选中颜色的明暗程度。

残余色减饱和：对选中的颜色范围以外的颜色进行饱和度降低的调节。

6.9.6　漂白

单击"漂白"特效打开设置面板，如图6-299所示。"漂白"特效主要用于将画面调白。"数量"参数未调整与调满后的效果对比如图6-300和图6-301所示。

图6-299

图6-300

图6-301

6.9.7　漫画

这里的漫画效果与前面的漫画效果有部分相同，这里的"漫画"特效相比前者有更加详细的参数选项。

单击"漫画"特效打开设置面板，如图6-302所示。开启"漫画"特效后的效果如图6-303所示。

图6-302

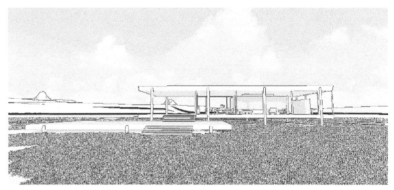

图6-303

主要参数介绍

轮廓宽度：用于调整"漫画"特效中形体轮廓的宽度，如图6-304和图6-305所示。

图6-304

图6-305

轮廓透明度：用于调整"漫画"特效中形体轮廓的透明度，如图6-306和图6-307所示。

图6-306

图6-307

色调分离数量：用于调整"漫画"特效中色调分离的数量，如图6-308和图6-309所示。

图6-308

图6-309

色调分离曲线：用于调整"漫画"特效中色调分离的曲线，如图6-310和图6-311所示。

图6-310

图6-311

色调分离黑色亮度：用于调整"漫画"特效中色调分离黑色的亮度，如图6-312和图6-313所示。

图6-312

图6-313

饱和度：用于调整画面的饱和度，如图6-314和图6-315所示。

图6-314　　　　　　　　　　　　　　　　　　图6-315

白色填充：用于在保留轮廓线的情况下为画面整体填充白色，如图6-316和图6-317所示。

图6-316　　　　　　　　　　　　　　　　　　图6-317

6.9.8 材质高亮

单击"材质高亮"特效打开设置面板，如图6-318所示。"材质高亮"特效用于调整需要重点表现的材质，这个特效只能选中一种材质，开启后会在选中的材质边缘产生描边的效果，以便与其他材质区分，并且会在选中的材质中产生一层条状颜色。

单击画笔图标进入场景，单击场景中需要高亮显示的材质，然后单击右下角的"确认"按钮，在设置面板的色板中选择需要的颜色，接着通过拖曳下方的"风格"参数条选择不同条形风格，如图6-319和图6-320所示。

图6-318

图6-319　　　　　　　　　　　　　　　　　　图6-320

主要参数介绍

风格：用于调整"材质高亮"特效的纹理风格。

6.9.9 蓝图

单击"蓝图"特效打开设置面板，如图6-321所示。"蓝图"特效用于模拟模型从白纸到建成的过程，包括"阶段"和"网格缩放"两个参数，这个特效常用于制作过程动画。

图6-321

主要参数介绍

阶段：用于调整画面所处的绘制阶段。参数值为0时是白纸阶段，画面一片空白；参数值拉满时，表示画面处于成品阶段。

网格缩放：用于修改在草图阶段画面中网格的大小，如图6-322所示。

图6-322

6.9.10 油画

单击"油画"特效打开设置面板，如图6-323所示。开启"油画"特效后的效果如图6-324所示。

图6-323

图6-324

主要参数介绍

绘画风格：用于调整油画的风格，如图6-325和图6-326所示。

图6-325

图6-326

画笔细节：用于调整画面细节的数量，如图6-327和图6-328所示。

图6-327

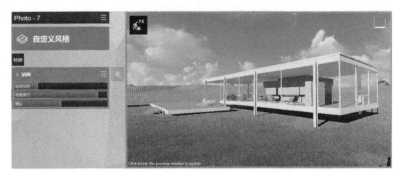

图6-328

硬边：用于调整画面中形体轮廓的硬度，如图6-329和图6-330所示。

图6-329

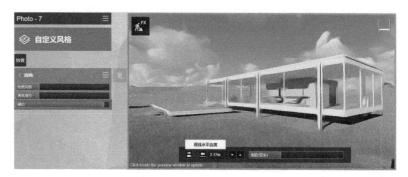

图6-330

6.9.11 所有艺术家风格

单击"所有艺术家风格"特效打开设置面板，如图6-331所示。单击设置面板中的图片可以进入风格库，如图6-332所示。风格库中共有8种艺术风格，单击图片确定风格，在渲染出图时会默认渲染一张原图和一张带有艺术家风格的效果图。

图6-331

图6-332

6.10 高级

6.10.1 阴影

单击"阴影"特效打开设置面板，如图6-333所示。"阴影"特效用于调整场景中物体阴影的具体范围、形状和颜色。

主要参数介绍

太阳阴影范围：用于调整场景阴影范围的大小。

染色：用于调整场景阴影的冷暖色调，如图6-334和图6-335所示。

图6-333

亮度：用于调整场景阴影的明亮程度，如图6-336和图6-337所示。

图6-334

图6-335

图6-336

图6-337

室内/室外：用于切换室内或室外场景阴影，如图6-338和图6-339所示。

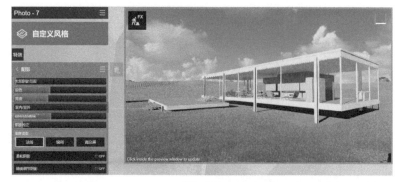

图6-338

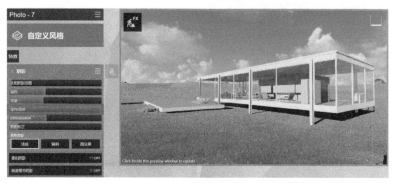

图6-339

omnishadow：用于调整场景边角处阴影的大小，如图6-340和图6-341所示。

图6-340

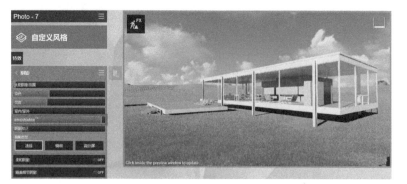

图6-341

阴影校正：用于校正场景阴影，如图6-342和图6-343所示。

阴影类型：分为"法线""锐利""高分屏"3种类型，一般情况下模拟真实场景都选用"法线"类型。

"柔和阴影"和"精美细节阴影"两个参数都是用于细化场景阴影的，通常在出图时保持开启状态，可以使效果图更加逼真。

图6-342

图6-343

6.10.2 并排3D立体

单击"并排3D立体"特效打开设置面板，如图6-344所示。"并排3D立体"特效主要用于动画渲染，开启后渲染出图时会渲染并排的两个动画场景。

主要参数介绍

眼距：用于调整两个动画画面的距离。

对焦距离：用于调整对焦距离。

图6-344

6.10.3 反射

单击"反射"特效打开设置面板，如图6-345所示。单击画笔图标进入场景，如图6-346所示。场景左下角有一个"＋"号标志的图标，单击后可以在场景中选择需要精细反射效果的面，这样在渲染时就会针对选中的面增加反射效果。

技巧与提示

在Lumion中渲染速度快的一个重要原因是渲染时只粗略计算场景中的面。在每个场景中最多可以选择10个面，每增加一个面，就会相应增加效果图的渲染时间。

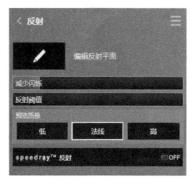

图6-345

主要参数介绍

减少闪烁：用于调整反射的闪烁值。

反射阈值：用于调整反射的阈值。

预览质量：包括"低""法线""高"3种。选择高质量预览时可以在预览窗口中直观看到反射效果，但同时也会增加电脑的计算量。

speedray反射：只设置反射面并不能在效果图中表现出反射效果，开启此选项后才能在效果中表现出效果。

图6-346

6.10.4 打印海报增强器

单击"打印海报增强器"特效打开设置面板，如图6-347所示。"打印海报增强器"特效用于增强动画渲染的质量。

图6-347

6.10.5 天空光

单击"天空光"特效打开设置面板，如图6-348所示。"天空光"特效用于模拟天空光照反射，在制作效果图时，开启该特效可以使效果更加逼真。

图6-348

主要参数介绍

亮度：用于调整场景中受天空光照影响的部分画面的亮度。

饱和度：用于调整场景中阴影部分的饱和度。

天空光照在平面反射中/天空光在投射反射中：这两个参数开启后会增加场景中光照反射的效果。

渲染质量：有"法线""高""极端的"3种类型，一般来说，渲染质量越高，所需渲染时间就会越长。大多数情况下，选择高质量渲染基本就能满足效果需求，而"极端的"质量与"高"质量渲染效果相差不大。

6.10.6 超光

单击"超光"特效打开设置面板，如图6-349所示。"超光"特效主要用于增加光照量。

图6-349

6.10.7 近剪裁平面

单击"近剪裁平面"特效打开设置面板，如图6-350所示。"近剪裁平面"特效多用于制作截面效果图，拖曳"近剪裁平面距离"参数条可以调整截面截取的位置，如图6-351和图6-352所示。

图6-351

图6-350

图6-352

6.10.8 全局光

单击"全局光"特效打开设置面板，如图6-353所示。单击灯泡图标进入场景就可以选择需要开启全局光的灯光，开启全局光后渲染效果会更加逼真。

图6-353

技巧与提示

Lumion中的灯光特效是渲染短板之一，默认加入的灯光对场景的影响是比较小的，一般情况下灯光不能在场景中产生二次反射，这时就需要"全局光"特效来开启二次反射。

主要参数介绍

阳光量：用于调整太阳光的进光量，如图6-354和图6-355所示。

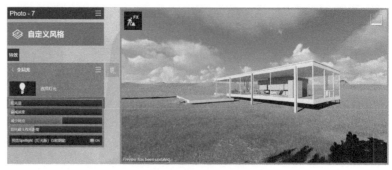

图6-354

图6-355

衰减速度：用于调整阳光的衰减程度，如图6-356和图6-357所示。

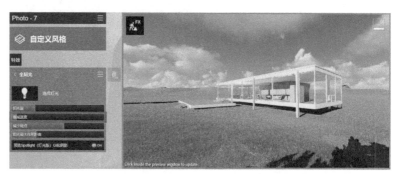

图6-356

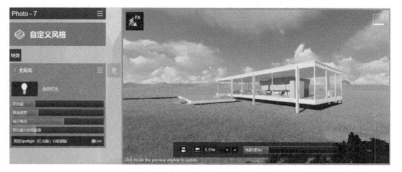

图6-357

减少斑点：用于调整"全局光"特效中斑点的数量，如图6-358和图6-359所示。

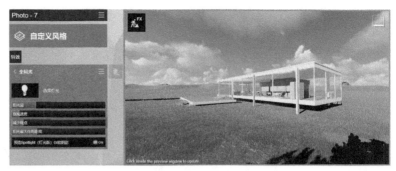

图6-358

图6-359

阳光最大作用距离：用于调整阳光的作用距离，如图6-360和图6-361所示。

图6-360

图6-361

预览Spotlight（灯光版）GI和阴影：开启后可以预览全局光影响下的灯光和阴影效果。

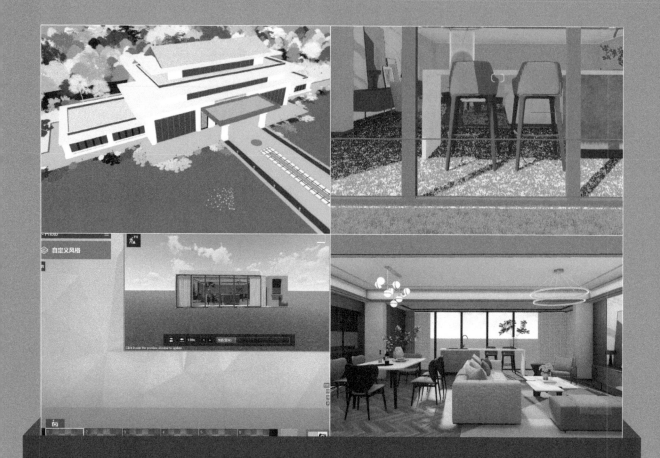

第 7 章 Lumion 效果图与动画制作

Lumion是一个功能较全面的渲染软件，是一个最终效果输出的软件。光影、材质和构图是决定效果图好坏的重要因素，也是每个渲染软件的核心内容。学习这个软件最有效的方法就是亲自上手操作，通过一些案例练习调节Lumion中的参数，才能对参数有更深入的了解。

本章将系统讲解效果图的制作过程，希望读者能够认真学习。

◆ **本章学习目标**

1.了解室内场景出图准备

2.熟悉室内效果图出图步骤

3.了解室外场景出图准备

4.熟悉室外效果图出图步骤

7.1 效果图与动画制作流程

事先厘清思路是提高工作效率的有效方法之一，使用Lumion制作效果图也是如此，本节将介绍效果图从前期准备到后期处理的整个制作流程。

7.1.1 基础模型前期准备

模型前期准备非常重要，会直接影响后期效果图的整体效果。前期模型处理中最常见的问题有"模型重面"和"模型正反面"。

"模型重面"会直接导致导入Lumion后重面部分画面闪烁，这个问题在动画渲染时非常明显，因此在处理模型时需要将有重面的部分删除。

"模型正反面"会导致导入模型后看不到材质面，模型中的反面在Lumion中会自动识别为透明材质，所以需要在前期将模型存在的这个问题处理好。

7.1.2 导入模型

导入模型时可能会遇到的问题就是原始模型文件过大，计算机内存不足，而导致程序直接崩溃。这时可以尝试将模型分批保存再逐个导入Lumion，也可以将不会用到的部分进行删减，还可以对计算机内存进行升级。

将模型导入Lumion前，需要将模型移动到轴点位置，以便于导入Lumion后能找到模型，这一点对于各个建模软件都适用。

技巧与提示

Lumion旧版本存在的导入模型的问题在Lumion 10.0中基本都解决了。

7.1.3 效果图/动画构图确定

导入模型后的第一步就是确定构图，确定好后就可以只做能看到的部分，这一点可以极大地提高工作效率。每个人对构图的感觉是不一样的，但不管怎样构图，都要突出视觉主体。

技巧与提示

确定构图时使用特效中的"2点透视"，可以在制作人视角构图时拉伸画面，使模型产生透视关系。

7.1.4 基础光影效果设置

确定好构图后就可以直接调出一些基础的参数，确定画面光影的明暗关系。确定好构图和光影，就基本完成了效果图的三分之二。

确定光影需要用到"太阳"和"阴影"两个特效，通过"太阳"特效可以调整太阳位置、亮度和高度，以确定阳光亮度及位置、阴影位置和阴影长度。

7.1.5 材质调整

确定好构图和光影后就可以开始调整材质了，材质直接影响到画面的质感，良好的材质可以使画面更加真实。材质质感的表现需要充分理解现实生活中材质的质感，根据现实中材质的质感来调整材质设置面板中的具体参数。

7.1.6 丰富场景

完成材质调整后，就可以开始丰富画面了。确定画面主体部分后，很多时候做的图还是显得很空，这主要是由于画面的前景、中景和远景缺失。此时只要适当在前景、中景和远景合理加入一些内容，就可以使画面更加丰富。

技巧与提示

在丰富画面时除了加入模型，还可以加入阴影变化、水中倒影和镜面反射等效果。

7.1.7 效果参数细化

完成前面一系列操作后就可以加入更多特效，细化效果图中的各种特效参数，每调整一次参数都可以在预览框中预览一遍效果，根据效果判断画面缺少什么，以此来补充调整特效参数。特效用好了可以给整体效果加分，但不是用的特效越多就越好，要根据效果图的整体氛围来添加特效。

7.1.8 出图渲染

渲染时一般可以渲染3840×2160尺寸的图片，方便后期处理时将"高光反射通道图""灯光通道图""材质ID图"3个选项选上，出图时就会渲染4张图片。不需要后期处理时可以不选择这些通道图，会节省许多渲染时间。

7.1.9 后期处理

如果对调好效果的Lumion渲染图不满意，可以通过Photoshop对效果图进行调整，这时就要用到渲染的3个通道图，使用Photoshop稍微处理一下，基本就可以得到一张较好的效果图了。

"材质ID图"通道渲染出的图片基本是彩色的纯色图，如图7-1所示，相同材质渲染后颜色一致。材质通道图适用于后期局部效果的调整，使用Photoshop中的魔棒工具就可以轻松选中需要调整的部分。

"高光反射通道图"渲染出的图片整体较暗，如图7-2所示，可以用于在后期处理时加强场景中的反射效果。导入"高光反射通道图"后选择混合模式为"滤色"即可。如果反射效果过强，还可以通过调整填充的百分比减弱反射效果。

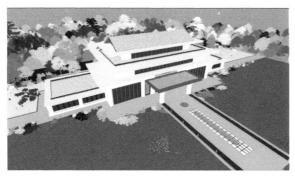

图7-1

图7-2

"灯光通道图"渲染出的图片整体是白模的形式，如图7-3所示，可以用于在后期处理时增加场景中的灯光效果。导入"灯光通道图"后选择混合模式为"柔光"即可。这个图层特效通常会影响包括天空在内的整体场景，为了避免天空或其他部分被整体影响，通过"材质ID图"选中不需要调整的部分，然后在"灯光通道图"中删除即可。

图7-3

技巧与提示

完成对"高光反射通道图"和"灯光通道图"的处理后，基本效果就差不多了。除此之外，还可以通过调节色调、对比度和饱和度等参数进一步完善效果。

7.1.10　动画制作流程

制作动画的步骤与制作效果图的步骤基本相同，唯一的区别是动画需要自己录制路径。

如果是从零开始制作动画，基本流程为模型前期准备、导入模型、确定镜头、指定动画路径、调整模型材质、丰富场景内容、加入特效、渲染视频、视频后期处理。

7.2　室内效果图与动画制作案例

室内效果图制作的要点就是材质和灯光。一般室内效果图镜头都比较近，因此画面可以看到的部分距离模型都比较近，材质表现非常重要，好的材质表现可以使整个画面更有质感。室内主要的光源来源于灯光和部分室外光照系统，由于空间的局限性限制了室外光照，因此室内光源以灯光为主。

制作效果图之前一定要确定好风格和整体色调。本节将通过一个模型案例对效果图的制作方法进行讲解，这里做一个白天暖色调的风格，事先准备了一个客餐厅空间的SketchUp模型文件，如图7-4所示。

图7-4

本模型采用的是SketchUp模型，原因首先是SketchUp模型易修改，其次是SketchUp事先贴好的材质导入Lumion基本都可以完整保留下来，不易引起材质丢失。

导入模型前可以初步检查模型是否有重面的部分及是否有材质正反面存在问题，排除以上问题后就可以保存文件，打开Lumion软件进行模型导入。

技巧与提示

制作效果图时，可以选择在建模时就把材质贴好，也可以进行简单的填色区分后再导入Lumion中去贴材质，两种方法效率相差不大，可以依据个人习惯来做。

7.2.1 室内效果图制作

导入新模型，如图7-5所示。在文件管理器中找到准备好的模型文件，单击打开。

当模型导入完成后，在场景中任意位置放置模型，并调整好模型与地面的间隔，如图7-6所示。

图7-5

图7-6

技巧与提示

把模型放置到地面上时，如果开启景观草选项，就会出现地面长草的情况，如图7-7所示。

为了避免产生这样的情况，一般导入模型时就可以通过单击"向上移动"选项 移动导入的模型控制点，如图7-8所示。

图7-7

图7-8

选中模型的控制点，模型整体会变成蓝色，表示已经选中了整个模型，长按鼠标左键并向上拖曳，使模型与地面产生一定的距离，如图7-9所示。

此外，制作室内效果图考虑到外景时，可以根据需要将模型拉到一定高度。例如，外景为花园或者自然景观时，可以缩短模型到地面的距离；制作城市景观时，则要将模型与地面的距离拉开，避免直接看到地面景观。

图7-9

完成模型导入和基本调整后，就可以开始确定画面的角度了。进入拍照模式界面，如图7-10所示。

使用移动快捷键W、A、S和D配合鼠标右键就可以移动预览视角。确定视角时，可以通过预览窗口中的设置选项调整相机参数，如图7-11所示。此处可以自由调整，选择自己喜欢的角度。

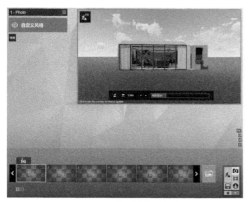

图7-10

图7-11

技术专题：相机设置要点

■选项主要用于校正相机的水平视线，使相机视线与地面平行。

■选项主要用于设置默认相机的高度，一般默认是1.6m的高度。这个选项后面的数值框则是用于显示相机的高度，可以直接在数值框中输入需要的高度，然后按Enter键确定，也可以通过数值框后面的上下按钮调整相机的高度，默认每单击一次上/下按钮移动0.1m，还可以通过Q键和E键直接上下移动相机的位置。

"焦距（毫米）"用于改变相机的焦距，拖动参数条就可以对其直接进行调节，最小可以拉到10mm，最大可以拉到300mm，一般模拟人视角度时可以将焦距调至21.6mm左右。

移动镜头确定好效果图的整个构图角度，然后单击"保存相机视口"选项，如图7-12和图7-13所示。

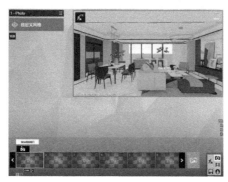

图7-12

图7-13

确定好基本构图以后，可以开启一些基本特效确定整体效果图的光影效果。单击"特效"按钮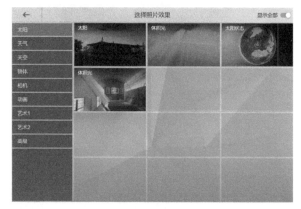进入特效库，如图7-14所示。

这里由于是室内场景，本身确定的相机视角也是平行于地面的，因此基本不会用到"2点透视"特效。可以先选择"太阳"特效，如图7-15所示。通过调整"太阳高度"和"太阳绕Y轴旋转"参数条调整太阳的位置，如图7-16所示。

图7-14

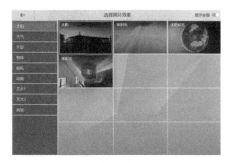

图7-15

图7-16

技巧与提示

一般太阳光线正对场景时效果都不会太理想，可以尝试将太阳调整至斜上方的位置，以形成比较丰富的光影关系。如果觉得阴影拉得过长，可以通过提升"太阳高度"的方式缩短阴影的长度。

调整完"太阳"特效后有了光，这时还需要更加细腻的阴影。选择"高级"特效中的"阴影"特效，如图7-17所示。打开"阴影"特效后，会出现默认的阴影参数设置面板，如图7-18所示。

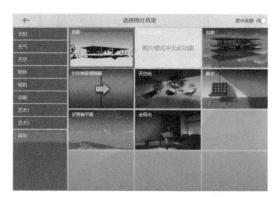

图7-17

图7-18

技术专题：阴影特效参数要点

调整"太阳阴影范围"时，可以稍微给多一点，以增加阴影的范围。"染色"用于调整阴影的色调，这个参数基本不用调整。"亮度"可以稍微给一点，使场景阴影不那么黑。

"室内/室外"参数保持默认，可以不调整。omnishadow参数用于增加空间中缝隙的阴影，这个参数可以少给一点。"阴影校正"可以多给一些，也可以将其拉满。"阴影类型"一般选择"法线"。

"柔和阴影"和"精美细节阴影"这两个参数，不管什么时候作图，都可以保持开启状态。

各项参数调整完后的设置面板如图7-19所示。

这时前后的阴影就产生了一些变化，单击预览窗口就可以进行实时渲染预览，调整"阴影"特效前后的对比效果如图7-20和图7-21所示。相比调整前，调整后的阴影过渡更加柔和。

图7-19

图7-20　　　　　　　　　　　　　　图7-21

完成基本的光影效果后，就可以开始调整材质和丰富模型场景了。回到编辑界面，单击材质选项开始对模型中的材质进行逐个调整。室内场景的效果取决于墙面、地面和顶面，因此材质调整可以先从这3个部分入手。单击墙面后其表面为绿色，表示已经选中该材质，单击后出现材质设置面板，如图7-22所示。

这里墙面用到的是石材，如果需要贴Lumion中自带的材质，可以在材质库中选择；如果保持默认的贴图或需要外部贴图素材，可以单击"标准"选项▨，如图7-23所示。选择标准材质后打开标准材质面板，如图7-24所示。

这里用到的是大理石材质，"着色"一般可以不用调整，但如果有色彩倾向，也可以调整"着色"的参数值。然后在材质面板右侧的色板上选择颜色，如图7-25所示。右侧色板默认是不会出现的，在"着色"参数中调整部分参数值才会出现。

图7-22　　　　　　　图7-23　　　　　　　图7-24　　　　　　　图7-25

技术专题：标准材质参数要点

"光泽"参数值范围为0~2.0，一般光滑材质（如玻璃、塑料、镜面和水等）参数值需要给到1.0以上，而其他材质（如木地板、水泥墙面、地面等）参数值可以给到0~1.0。

"反射率"参数值范围为0~2.0，一般光滑材质（如玻璃、塑料、镜面和水等）参数值需要给到1.0以上，而其他材质（如木地板、水泥墙面、地面等）参数值可以给到0~1.0。"反射率"参数与"光泽"参数基本一致，两者需要配合使用。"反射率"参数主要表现材质表面的反射，反射越高越接近镜面。

"视差"参数值范围为0~2.0，一般光滑材质参数值可以给到0.5以下，而木地板、水泥墙面、地面等表面粗糙的材质参数值可以给到0.5~2.0。"视差"参数通过法线贴图或材质颜色贴图模拟表面凹凸的材质纹理，外部导入的模型先贴好的默认材质都是没有法线贴图的，可以通过单击"法线贴图"选项█打开文件管理器，找到准备好的法线贴图，如图7-26所示。如果没有法线贴图，也可以单击旁边的"从颜色贴图创建法线贴图"选项█，如图7-27所示。单击这个选项后，软件会通过材质贴图的颜色深浅模拟法线贴图，将颜色深的部分塌陷进去，由此产生凹凸的纹理。若不需要法线贴图，可以通过上方的"删除"按钮█删除之前生成的法线贴图。

"地图比例尺-导入的"参数值范围为0~10000，这个参数主要用于调整贴图大小，一般默认为0，参数值为0时是不能移动贴图位置和调整贴图方向的。如果需要移动贴图位置和方向，可以提高地图比例尺的参数值，将贴图尺寸调整至合适尺寸后，通过面板下方的"移动"选项█和"旋转"选项█对贴图进行移动和旋转，如图7-28和图7-29所示。

图7-26

图7-27

图7-28

图7-29

对于大理石材质，"光泽"参数值可以设置为1.0左右，太高的光泽值会导致材质质感与现实生活中的材质差异过大，从而使渲染出的图显得特别假。并且也不需要太高的反射值，可以将"反射率"参数值调整为0.5~1.0。

一般在建模时贴好材质及调整好位置后，导入Lumion后就不需要再进行二次调节了。到这里，墙面石材的基本材质参数就基本调整好了。如果还需要将材质做旧，可以通过调节面板中的"风化"参数，如图7-30所示。

"风化"参数中有石头、木材、皮革、银、铝、金、铁、铜和塑料9个材质，在其中选择贴图对应的材质，如图7-31所示。

拖曳"风化"参数条给予其部分风化效果，这里是室内墙面石材，一般风化值可以给到0~0.5。"风化"参数下方还有一个"边"参数，主要用于调整材质边缘的圆滑度，一般在墙体的墙角位置体现得最为明显，这里是平整墙面，可以不用设置这个参数，调整完后的面板如图7-32所示。

图7-30　　　　　　　　　　　图7-31　　　　　　　　　　　图7-32

　　完成这些参数调整后，单击界面右下角的"确定"按钮将材质保存到
场景中，这个墙面石材就基本完成了。其他墙面的材质基本可以参照上述
方法，根据具体参数进行部分微调就可以。其他墙面材质不管是保持默认
材质还是用Lumion中自带的材质，需要调整的参数基本都是一致的，因此
后面不再做过多重复性演示。

　　设置完墙面材质后，就可以调整地面材质了。室内客餐厅空间一般都
是石材和木地板，为了营造暖色调的氛围，这里选用木地板材质。先单击
地面选中地面材质，打开材质库，如图7-33所示。

　　单击"室内"选项并选中木材材质，如图7-34所示。

图7-33

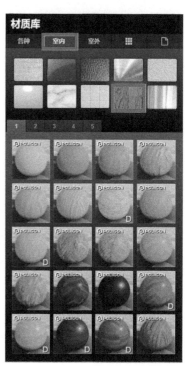

图7-34

183

Lumion自带的木材材质都可以通过参数调整颜色，在选择木地板时可以不用太多考虑木地板的颜色，着重选择木地板的纹理就可以。这里选择了第1页中的"人字拼"纹理地板，如图7-35所示。

双击材质选项可以进入材质设置面板，也可以单击场景地面的任意位置打开材质设置面板，如图7-36所示。

"光泽"和"反射率"参数值默认都是比较高的，需要根据实际情况对这些参数进行调整。一般室内木地板的"反射率"和"光泽"参数值都不会太高，需要在默认参数值的基础上适当降低一些。"视差"和"位移"参数值基本可以保持不变或适当降低。如果需要做旧，操作方法跟前面所讲的一致，调整"风化"参数值就可以。其他参数基本可以保持不变。调整完后的面板，如图7-37所示。

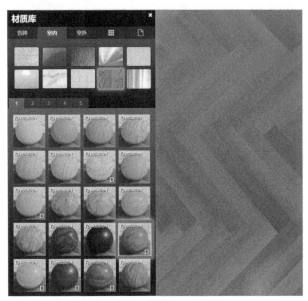
图7-35

图7-36

图7-37

技巧与提示

其他材质的调整方法与前面介绍的地面和墙面材质的调整方法一致，此处不再进行重复讲解，读者可自行练习。

调整灯具模型时，可以调整"自发光"参数值，使灯具模型有模拟发光的效果。其他的材质调整就不再进行展示，调整完所有材质后的效果如图7-38所示。

完成材质调节后进入拍照模式，并单击预览窗口中的任意位置，对画面进行实时渲染预览，如图7-39所示。

图7-38

图7-39

这时可以观察预览图，分析画面缺少什么，缺少什么就往场景中加什么。从预览图可以明显看出，即使在有室外太阳光照的情况下，室内整体画面依然偏暗，这时可以考虑在场景中再加入部分灯光。

进入编辑模式，根据场景模型来布置灯光。一般室内灯包括主灯、灯带、射灯和壁灯，这4类灯属于室内场景中的主要灯光。在室内打灯的时候可以先从主灯开始，用主灯点亮场景，再用其他3类灯点缀场景。

单击"物体"选项🔽，如图7-40所示。进入"物体"选项后，选择灯光模型，如图7-41所示。单击"模型放置"选项🔽，如图7-42所示。

图7-40

图7-41

图7-42

选择以上两个选项后，打开灯光库，如图7-43所示。这里可以选择区域光中的面光源作为主灯照亮场景，单击"区域光"选项选择面光源，如图7-44所示。

这时可以在场景中寻找合适的位置放置灯光，一般可以选择吊顶的中心位置放置面光源，如图7-45所示。从场景中可以看到默认的灯光模型外轮廓很小，只占了吊顶的一小部分，如图7-46所示。

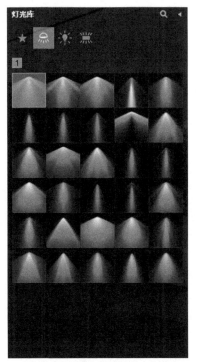

图7-43

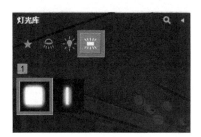

图7-44

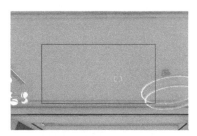

图7-45

图7-46

单击灯光模型控制点开启右上方的设置面板，如图7-47所示。调整设置面板中的"宽度"和"长度"参数值，使灯光模型大小符合吊顶尺寸，如图7-48所示。

这时可以看到吊顶四角都被照亮了，但是顶部位置依旧是黑的，可以通过"移动"选项🔟复制一个向上照明的灯光模型。单击"选择"选项🔽中的"向上移动"选项🔼，如图7-49所示。

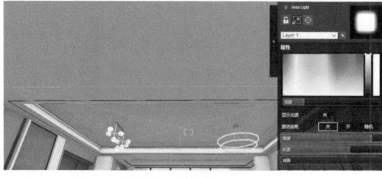

图7-48

图7-47

图7-49

按住Alt键同时选中需要复制的灯光模型控制点，将其向下拖曳一部分距离，如图7-50所示。然后单击"方向"选项 ◉，如图7-51所示。接着选择"绕X轴旋转"选项，调整旋转角度为180°，如图7-52所示。这样吊顶顶部就被照亮了，如图7-53所示。

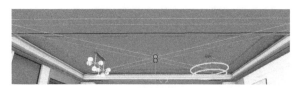

图7-50

图7-51

图7-52

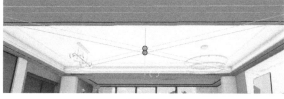

图7-53

这里可以直观看出向上的这个灯光过亮，需要适当调低亮度。拖曳"亮度"参数条调节灯光的亮度，再适当调整"减弱"参数，如图7-54所示。

图7-54

进入拍照模式预览场景灯光，如图7-55所示。用同样的方法为靠窗那边的吊顶添加灯光，如图7-56所示。

图7-55

图7-56

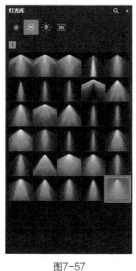

图7-57

完成主要光源的布置后,下面加入一些射灯进行点缀。一般可以直接使用系统自带的射灯灯光,如果已有准备好的,也可以导入外部的IES格式的文件。这里采用最后一个射灯,如图7-57所示。

在场景中找到合适的位置进行放置,一般射灯都放置在吊顶的四周,如图7-58所示。这时可以再次进入拍照模式对效果进行预览,如图7-59所示。

图7-58

图7-59

技巧与提示

在Lumion中打灯时,只要将明暗关系表现出来就可以,不需要过分追求灯光的精确性,因为这些细节可以通过特效参数来进行调整。

通过预览图发现整体的色调比较暗,这里可以加一个"颜色校正"特效,如图7-60所示。

打开设置面板,稍调高"温度"参数值,使整体场景色调偏暖,如图7-61所示。再调高一点"着色"参数值,使整体色调偏洋红一点,如图7-62所示。

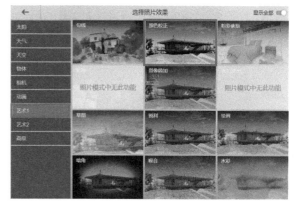

图7-60

图7-61 图7-62

这里还可以将整体的"亮度"参数值调高一些，如图7-63所示。如果觉得整体亮度还不够，可以加入"曝光度"特效，稍微调高一点就可以，如图7-64所示。

图7-63 图7-64

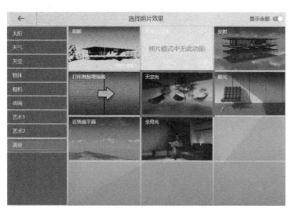

图7-65

图7-66

为了使场景中的光线更加自然，可以加入"天空光"特效。在特效库中找到"天空光"特效，如图7-65所示。打开天空光特效设置面板，如图7-66所示。

这里可以将设置面板中的"天空光照在平面反射中"和"天空光在投射反射中"两个选项保持开启状态，这两个选项可以使场景中的光线更加细腻。根据场景预览调整参数，"亮度"参数值保持不变，"饱和度"参数值适当降低，"渲染质量"保持法线的渲染质量，最终调整效果如图7-67所示。

图7-67

观察预览效果可以看出，基本的灯光效果已经完成，但是场景中的模型还是缺乏质感，可以加入"锐利"特效。在特效库中找到"锐利"特效，如图7-68所示。

打开锐利特效设置面板，设置"强度"参数值为0.5左右，使画面提升质感，调整后效果如图7-69所示。

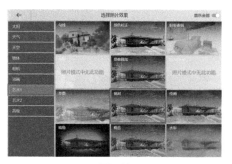

图7-68

图7-69

继续观察预览画面可以看出，许多表面光滑的反射材质基本没有质感，这时可以借助"反射"特效进一步提升场景中材质的质感。在特效库中找到"反射"特效，如图7-70所示。打开反射特效设置面板，如图7-71所示。

"减少闪烁"和"反射阈值"两个参数值基本可以保持不变，开启"speedray反射"参数，开启后立刻就可以从场景预览框看到反射效果，如图7-72所示。

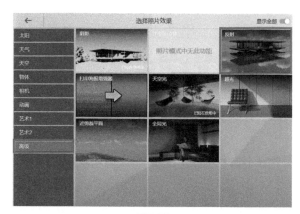

图7-70

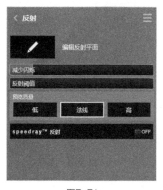

图7-71

图7-72

开启"speedray反射"参数后，系统默认会根据场景中材质的"反射率"和"光泽"来给予反射效果，但这样的反射效果不够精细。若想得到更精细的反射效果，可以单击画笔图标进入材质选择界面，如图7-73所示。

图7-73

单击"+"图标，然后单击材质表面选择一个需要精细反射的材质面，选中后的材质表面会有一个蓝色条纹的面覆盖在上面，表示已经选中需要反射的材质面，如图7-74所示。

每张效果图最多可以用到10个反射面，如果配置和时间都比较充裕，可以尽量将这10个面用完。当然，如果场景中反射面过多，也只能选择比较明显和重要的地方添加。最后选择到的面如图7-75所示，单击界面右下角的"确认"按钮完成反射面的选择。

图7-74

图7-75

完成以上操作后，基本的效果就完成了。画面的前景和中景都比较丰富了，但是远景还比较空，也就是还没有窗外景，这时可以在编辑模式中丰富一下窗外景。将场景设定在城市中，窗外景则是城市中的高楼。但是可以看出此时模型离地面较近，需要将场景及之前放置好的灯光模型整体抬高。选择"选择所有类别模型"选项，同时单击"向上移动"选项，如图7-76所示。

图7-76

进入场景中，按住Ctrl键同时拖曳鼠标框选所有模型的控制点，如图7-77所示。选中全部模型后，向上拖曳任意一个已经被选中的模型控制点就可以整体拖曳模型，如图7-78所示。

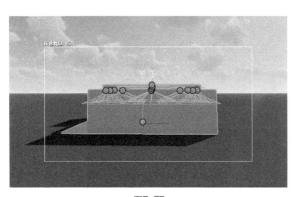

图7-77

图7-78

图7-79

图7-80

调好模型的位置后就可以开始准备室外的建筑模型了。单击室外模型，同时单击"模型放置"选项⬇️，如图7-79所示。打开室外库后，选择建筑物分类打开模型库，如图7-80所示。

选择模型库中的模型，将其放置在场景窗户能看到的地方，通过放置多种建筑模型，使窗外建筑看起来更有层次感，如图7-81所示。

图7-81

完成窗外建筑模型放置后，建筑之间的间隙比较大，因此看起来还是比较空，这时可以选择植物类模型，将一些树冠较大的植物模型放置在建筑之间的间隙里，使窗外景更加丰富，如图7-82所示。

完成窗外景的布置后可以再次进入拍照模式，观看预览效果，如图7-83所示。

图7-82

图7-83

完成窗外景布置后，可以再加入"景深"特效，使画面远景更有层次感。进入特效库找到"景深"特效，如图7-84所示。打开景深特效设置面板，如图7-85所示。

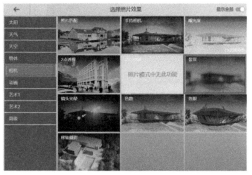

图7-84

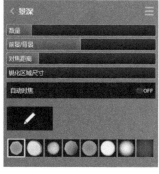

图7-85

单击画笔图标进入场景，然后单击需要对焦的位置确定焦点，确定的焦点位置会出现一个白色十字光标，如图7-86所示。

确定好焦点位置后，开启"自动对焦"参数，将景深"数量"参数值调满，如图7-87所示。

这里可以适当将"前景/背景"参数值调低至0.3左右，然后把景深"数量"参数值调低至30左右。这些景深的参数值没有具体的范围，可根据场景表现的重点进行把控，调整完成的效果如图7-88所示。

图7-86

图7-87

图7-88

整体画面偏黄，可以再加入一个"漂白"特效，使画面显得不那么黄。进入特效库找到"漂白"特效，如图7-89所示。打开漂白特效设置面板，可以看到默认参数值是调满的状态，如图7-90所示。

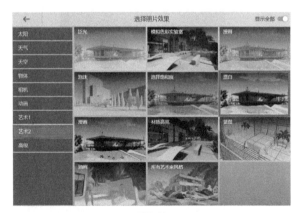

图7-89

图7-90

这时画面有些过于白了，适当降低"数量"参数值，如图7-91所示。

到这里，基本的效果参数就调整完成了。单击"渲染照片"选项，打开渲染参数设置面板，如图7-92所示。

在"附加输出"选项中选择"保存深度图（D）""保存高光反射图（S）""保存灯光通道图（L）""保存材质ID图（M）"4个选项，方便后期处理效果图时使用，如图7-93所示。

图7-91

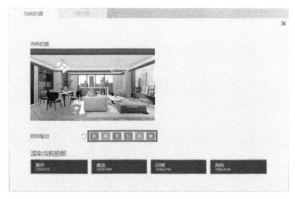

图7-92　　　　　　　　　　　　　　　　图7-93

选择效果图尺寸时可以选择"桌面"级，分辨率为1920×1080，这个尺寸基本可以满足大部分情况使用。选择尺寸后会弹出文件管理器，确定保存位置后，在文件名一栏输入名称并在下方选择保存类型，然后单击"Lumion 10 Pro 正版授权"按钮开始渲染，如图7-94所示。

开始渲染效果图时，正中间会出现效果图的预览画面，下方会出现渲染已经用了的时间及剩余时间，上方有"暂停渲染"按钮及"取消渲染"按钮，如图7-95所示。

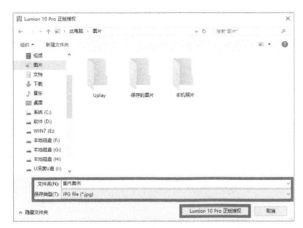

图7-94

图7-95

图7-97

渲染完成后单击"打开文件夹"按钮，如图7-96所示，就可以直接打开渲染好的效果图所在的文件夹目录。

可以看到文件夹目录中共有5张图，除了第1张原图外，其他4张图都有一个英文后缀（这个后缀代表了图的功能），如图7-97所示。

图7-96

在Photoshop中对效果图进行二次处理。先导入效果图的原图，如图7-98所示。然后依次导入灯光通道图、高光反射通道图、深度图和材质ID图，如图7-99所示。

图7-98

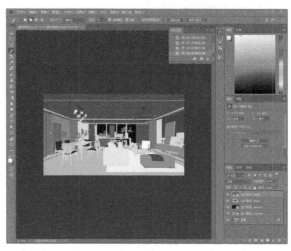

图7-99

关闭前面3个图层，只保留原图和灯光通道图两个图层，如图7-100所示。

调整灯光通道图的主要作用在于增加画面的亮部。选中"灯光通道图"图层，然后在"混合模式"中选择"柔光"，如图7-101所示，效果如图7-102所示。

图7-100

图7-101

图7-102

这里可以通过开启和关闭"灯光通道图"图层，对比调整前和调整后的效果。如果觉得柔光效果有点过，可以将"填充"参数值适当调低，如图7-103所示。

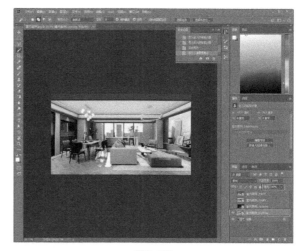

图7-103

接下来打开"高光反射通道图"图层，如图7-104所示。高光反射通道图主要用于增加场景材质反射质感。选择图层后，在"混合模式"中选择"滤色"，如图7-105所示，效果如图7-106所示。

图7-104

图7-105

图7-106

打开"深度图"图层，如图7-107所示。深度图主要用于给效果图调出虚化效果，使画面产生前后模糊的空间感。用Photoshop选区工具全选深度图并复制，如图7-108所示。然后单击右侧面板中的"通道"选项，如图7-109所示。

图7-107

图7-108

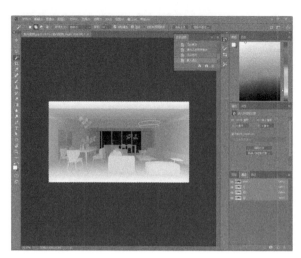

图7-109

新建一个图层，把之前复制的深度图粘贴到这里，如图7-110所示。这时返回"图层"选项，删除"深度图"图层，合并显示图层，如图7-111所示。

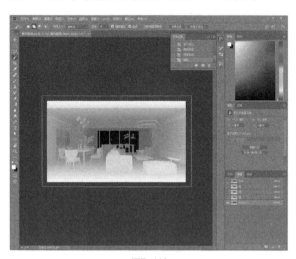

图7-110

图7-111

执行"滤镜>镜头模糊"菜单命令，打开设置面板，如图7-112所示。

直接在预览图中单击需要聚焦的位置，就可以直接聚焦到选择的点，通过调整右侧面板中的"半径"参数值可以调整模糊范围的大小，如图7-113所示。

图7-112

图7-113

单击"确定"按钮保存已经调好的模糊参数，然后使用快捷键Shift+Ctrl+A打开Camera Raw滤镜设置面板，如图7-114所示。

适当调整参数，如图7-115所示。

图7-114

图7-115

单击"确定"按钮保存已经调好的滤镜参数，到这里，效果图就基本完成了，最终效果如图7-116所示。

这里选了一个视角来介绍渲染方法，其他角度效果图的操作方法同上，基本只需要调整光影位置就可以直接出图。

图7-116

7.2.2　室内动画制作

室内模型在前面已经调整好了材质和效果等，下面直接用它来制作动画效果。

打开之前制作效果图的Lumion文件，如图7-117所示。

图7-117

单击动画模式进入动画编辑界面，如图7-118所示。然后单击"录制动画"选项，如图7-119所示，进入动画录制界面，如图7-120所示。

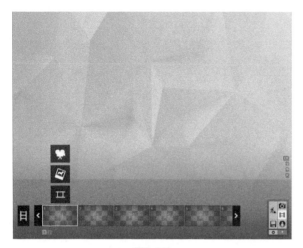

图7-118

图7-119

图7-120

技巧与提示

制作动画前，可以先构思好整体动画要展示的一个思路，即编写动画脚本。动画制作有分镜头和一镜到底两种方式，分镜头通常是通过多个独立的镜头画面渲染出多段视频，然后组合剪辑而成，而一镜到底通常是一整段中间没有剪辑的路径动画。一镜到底的制作要求通常都比较高，要出一个好的动画作品，必须要对运镜有一定把控。

不管是哪种方式的动画，做之前都需要厘清展示的思路，确定好展示的主体部分才能更好地突出重点。通常情况下，分镜头式的动画用得比较多，对运镜的要求也不是太高。

基于之前案例的室内场景，可以确定室内场景用于展示的部分并不是很多。可以先确定4个展示主体，第1个是整体场景展示，第2个展示电视墙部分，第3个展示餐厅部分，第4个展示窗边吧台。这里分为4个片段来制作，制作时可以通过镜头的左右、前后及上下平移来增加画面的动感。

制作第1个整体场景展示片段。在预览界面中移动镜头，将镜头移动到画面的左侧，并且正对场景，然后在下方单击"添加相机关键帧"选项保存关键帧，如图7-121所示。

图7-121

将镜头向右侧平移一段距离，再次单击"添加相机关键帧"选项保存关键帧，如图7-122所示。

这样就录制好了一段平移的镜头画面，预览窗口下方有一个时间设置框，通过这个设置框可以直接修改整个片段的时长，如图7-123所示。

图7-122

图7-123

这里设置8秒左右即可，单击"播放"按钮▶可以预览整段动画，单击界面右下方的"确定"按钮可以保存这段动画并回到动画录制界面，如图7-124所示。

单击"录制动画"选项继续制作第2段、第3段、第4段动画，方法与前面一致，这里不做重复的讲解，最后录制完成，如图7-125所示。

图7-124

图7-125

完成动画路径录制后就可以开始添加特效，这里的特效与前面效果图的特效基本是一样的，参照之前效果的特效设置方法再设置一遍就可以。也可以进入拍照模式复制效果，再粘贴到动画模式中。最后完成特效的添加，如图7-126所示。

添加完特效后，就可以开始渲染动画了。单击"渲染"选项进入参数设置界面，如图7-127所示。

图7-126

图7-127

动画渲染的输出品质共有5个等级，三星的等级基本可以满足正常需求。如果计算机配置允许，时间充足，也可以将输出品质提高。

每秒帧数设置最低的25帧就可以满足正常需求，帧数越高，画面的流畅度就越高，同时渲染需要的时间也就越多。

视频尺寸可以根据需求来定，尺寸越小的视频需要的时间越少，通常情况下渲染全高清1920×1080的尺寸就够了。最高可以渲染到4k的尺寸，但这个尺寸的动画需要较好的显卡才能渲染，一般显卡是不能渲染这个尺寸的动画的。

确定尺寸后，单击"尺寸"选项进入文件管理器，命名并保存视频，然后就可以开始渲染了，如图7-128所示。

渲染完成之后单击"打开文件夹"按钮找到输出动画的文件目录，通过视频处理软件就可以对动画进行二次后期处理。常用的视频处理软件有Adobe公司的Premiere和After Effects等，这里以Premiere为例来处理刚刚渲染的动画。单击打开Premiere软件进入软件界面，如图7-129所示。

图7-128

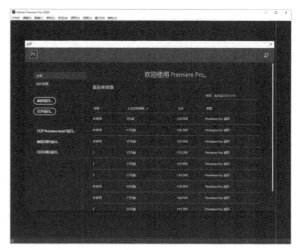

图7-129

单击"新建项目"按钮打开"新建项目"对话框，如图7-130所示。

在"名称"和"设置"输入框中分别确定好Premiere文件的名称及保存的位置，单击"确定"按钮就可以进入视频编辑界面，如图7-131所示。

图7-130

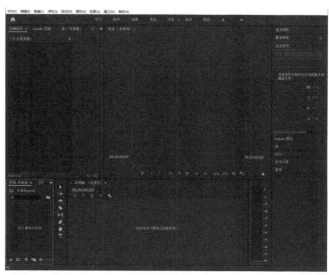

图7-131

　　在界面左下角项目选项面板的空白处双击打开文件管理器，在文件管理器中找到视频文件并单击"确定"按钮，就可以将文件导入Premiere中，如图7-132所示。

　　将导入的动画文件拖曳到时间轴面板中，此时界面右上方会出现视频的预览画面，如图7-133所示。

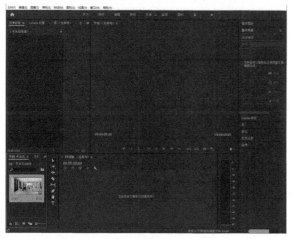

图7-132

图7-133

　　因为制作时没有做音乐效果，所以这里生成的音频文件是空白的，此时视频和音频是链接的，无法单独删除空白的音频。鼠标右键单击时间轴，选择"取消链接"，这时就可以单独编辑视频轴和音频轴了。删除系统生成的音频，将准备好的音频文件拖曳到音频轴上，如图7-134所示。

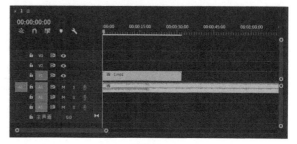

图7-134

观察时间轴可以发现音频轴是远长于视频轴的，需要将音频轴多余的部分剪掉。单击工具栏中的"剃刀"工具，如图7-135所示。使用"剃刀"工具在音频文件对应视频文件超出的位置单击将整段音频文件剪切开，如图7-136所示，之后删掉多余的音频即可。

图7-135

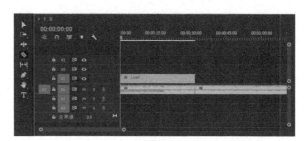

图7-136

案例动画视频输出时是整段输出的，中间没有任何镜头转场特效。下面为视频添加转场特效，使视频镜头转场有过渡的效果。使用"剃刀"工具在每一段镜头转场的时间轴位置剪切开视频文件，如图7-137所示。

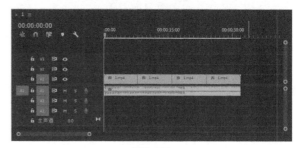

图7-137

完成剪切后还需要将这4段视频分别进行"嵌套"处理。选中视频轴，单击鼠标右键选择"嵌套"选项，视频进度条变成绿色表示已经完成嵌套，如图7-138所示。然后使用同样的方法将剩下的3个视频片段都进行"嵌套"处理，如图7-139所示。

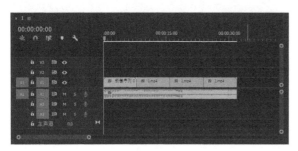

图7-138

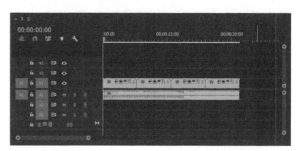

图7-139

在界面左下角单击"效果"控件选项，如图7-140所示。在效果控件面板中找到"视频过渡"选项，打开后可以看到8类的视频过渡效果，如图7-141所示。

图7-140

图7-141

这里经常使用的是"溶解"类别中的"交叉溶解"特效，如图7-142所示。选中"交叉溶解"选项，将其拖曳到两段视频之间，完成过渡特效的添加，如图7-143所示。

双击"交叉溶解"的图标可以打开"设置过渡持续时间"对话框，如图7-144所示。使用同样的方法完成剩下几段视频的过渡处理。

基本的视频后期除了添加音频文件和视频转场外，还需要进行视频调色。单击"Lumetri颜色"选项打开设置面板，如图7-145所示。

在设置面板中可以通过"基本校正""创意""曲线""色轮和匹配""HSL辅助"和"晕影"6个选项对视频进行调色。单击其中任意一个选项可以打开详细的参数设置界面，如图7-146所示。根据实际需要对视频进行调色处理，通常在Lumion中设置好色调后，可以不用再进行调色。

图7-144

完成视频调色、音频文件添加和转场特效添加后，基本的视频后期就算完成了。

图7-142

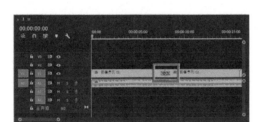

图7-143

图7-145

图7-146

7.3 室外效果图与动画制作案例

对于室外场景，不管是"景观设计效果表现""建筑设计效果表现"，还是"城市规划设计效果表现"，出图思路基本都是一致的。在进行室外效果图与动画制作时，工作量会比室内要多得多，同时对计算机的要求也会比室内效果制作要高得多。

这里以一个海滨广场的SketchUp模型为例进行讲解，如图7-147所示。

整体场景偏大，因此在前期建模及区分材质时的工作量也很大，需要特别注意材质重面的问题。因为Lumion软件中自带的材质有很大一部分可以用于室外场景，所以室外场景的材质可以不用像室内那样提前贴好，可以用颜色先对各个部分进行区分，再使用Lumion自带的材质进行完善。

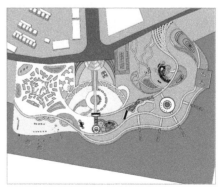

图7-147

7.3.1 室外效果图制作

完成模型导入前的检查后，就可以打开Lumion软件新建一个场景，如图7-148所示。在场景中选择合适的位置将模型放置好，如图7-149所示。

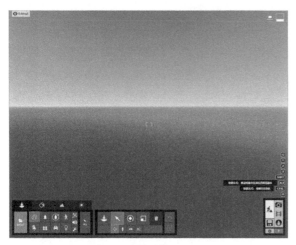

图7-148

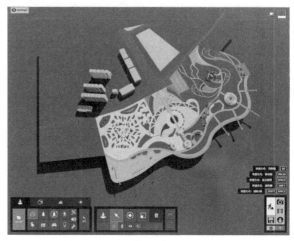

图7-149

此模型模拟的是海滨广场的场景，导入模型场景后还缺少海面的模型，这时可以通过SketchUp创建一个较大的面，将这个面单独导入Lumion场景中，如图7-150所示。

导入的面是没有材质的，可以通过材质工具选择这个面，给一个水的材质，如图7-151所示。

图7-150

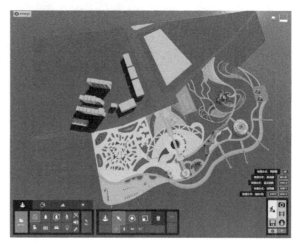

图7-151

观察场景，可以看到模型边缘及背后比较空，看起来很生硬，这里可以用景观工具对模型场景进行一定的造景操作。打开景观工具，如图7-152所示。使用景观工具中的地形塑造工具对场景模型进行一定拉伸，如图7-153和图7-154所示。

图7-152

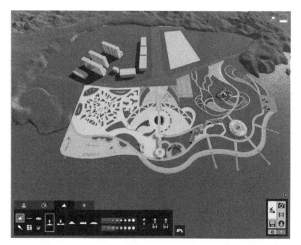

图7-154

图7-153

单击描绘工具打开设置面板，选择沙滩材质，如图7-155和图7-156所示。调整好画笔大小和画笔速度，将海边部分场景刷成沙滩材质，如图7-157所示。

图7-155

图7-157

图7-156

完成地形制作后，打开材质选项，对模型的材质进行修改，这里材质调整的方法与前面室内材质调整的方法是一样的，因此不再做重复的讲解。第一次调整材质先大致地贴一下就可以，不需要做太精细的材质调整，因为场景大了，很多时候不一定能全部展示，很多地方可能会看不到或者看不清楚，因此不需要把每个地方的材质都做得特别细致。

就像前面所介绍的一样，贴材质体现了每个人对材料细节的理解与认知，因此不同人做的模型材质可能会存在差异。要做出好的效果，就要对材料有所了解，在生活中多观察。在材质调整技巧方面可以参照前面章节中讲到的各种技巧，而材质的种类则是根据常识来选择。完成场景材质的处理后，场景大致的效果就有了基础，如图7-158所示。

图7-158

完成基本场景的制作后，就可以开始深化模型了。在制作效果图时，面对这样的大场景，通常会先确定镜头，按照确定好的镜头进行局部制作，但这里涉及后期动画制作，所以模型工作量会比较大。基本可以将模型内所有能看到的部分都进行布置，这里可以在主要场景进行细致一点的布置，在周边区域远景部分进行随意一些的布置。布置场景时，对于植物的选用，可以选择多种大小的植物进行搭配，同时根据场景位置的特殊性选用一些特殊的植物种类，如海边可以选用一些椰树之类的植物，如图7-159所示。

另外，还可以在部分场景地区搭配使用多种类、多色彩的植物，让画面的色彩更加丰富，画面效果更好，如图7-160所示。

图7-159

图7-160

在场景的边缘部分可以使用"绘图放置"工具来放置植物。选择好植物种类后，单击"绘图放置"工具，如图7-161所示。

图7-161

这时场景中的鼠标指针变成了一个圆形画笔，如图7-162所示。调整好植物分布的密度，在场景中拖曳画笔就可以种上植物，如图7-163所示。

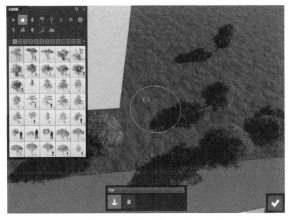

图7-162

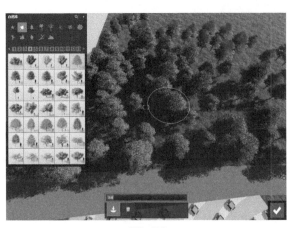

图7-163

使用"绘图放置"工具▲可以同时放置大量模型，在室外场景中运用得比较多。其他种类的植物也可以通过"绘图放置"工具▲来放置，放置完成后单击右下角的"确认"按钮就可以保存放置的植物。完成植物布置后，场景就会丰富很多，不会显得很空了，如图7-164所示。

这时就可以确定镜头了，进入拍照模式界面，如图7-165所示。在场景中选择几个比较关键的节点部分进行效果图的制作。

图7-164

图7-165

像这样的海边场景，必不可少的就是沙滩及日落或日出场景，可以找一个合适的角度确定镜头，如图7-166所示。

前面制作室内效果时，介绍特效制作时都是逐个特效进行调试，这里介绍另一个方法。单击"自定义风格"选项打开风格库，如图7-167和图7-168所示。

图7-166

图7-167

图7-168

下面将对风格库中的几个主要风格进行讲解，将每个风格应用到之前确定好的镜头。可以根据天气需要大致选择一个分类进行微调，这样调效果非常省时省力。

1. "黎明"风格

选择"黎明"风格，单击加载"黎明"风格后场景就会应用这个风格，同时左侧会出现这个风格用到的一系列特效，如图7-169所示。

这里可以根据画面效果需求修改特效，从"真实天空"特效开始调整。单击"真实天空"特效，将其加入天空素材库，如图7-170所示。

图7-169

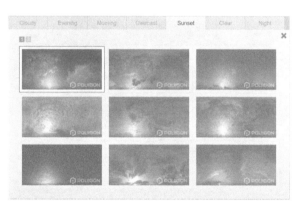

图7-170

选择Sunset（日落）分类中的天空素材，选择一个日落效果明显一点的选项，如图7-171所示。通过调整"绕Y轴旋转"参数，将天空素材移动至合适的位置，如图7-172所示。

图7-171

图7-172

"锐利"特效通常情况下开启了，但没有给参数值，这里可以给一部分参数值，如图7-173所示。

"曝光度"开始可以不进行调整，最后可以根据画面需要来调。在"颜色校正"特效中可以微调"温度"和"对比度"参数值，将二者参数值调高一点，如图7-174所示。

图7-173

图7-174

"反射"特效打开后，单击画笔图标，可以选择需要反射的水面，如图7-175所示。

"超光"特效基本不用调整。

单击"天空光"特效打开设置面板，如图7-176所示。单击开启"天空光照在平面反射中"和"天空光在投射反射中"两个选项，并选择"渲染质量"为"高"，如图7-177所示。

图7-176

图7-175

图7-177

单击"阴影"特效打开设置面板，如图7-178所示。"阴影"特效中可以根据场景中阴影的效果适当调节阴影的"亮度"，使阴影看起来不会太白也不会太黑，并将"室内/室外"参数调整到"室外"。

"景深"特效根据实际情况来选择开启与否。通常情况下场景效果有前景、中景和远景，使用"景深"特效的重点就在于确定这3个景的焦点位置。

图7-178

技巧与提示

制作类似移轴镜头效果图时，焦点一般聚焦在远景的位置，中景和近景都根据远近程度给予虚化效果；制作常规效果图需要虚化效果时，则可以将焦点聚焦在中景位置，虚化远景和近景；制作近距离特写时，可以将焦点聚焦在近景处，虚化中景和远景。

对于本模型的效果图，画面的重点在中景和远景处，同时近景没有太多内容，这里可以给近景一小部分"景深"的虚化特效，调整好对焦距离后调整景深"数量"的参数值，如图7-179所示。

这样就完成了"黎明"风格基本特效的调整。除了这些风格自带的基本特效，还可以在特效库中添加更多的特效。单击打开特效库，如图7-180所示。

图7-179

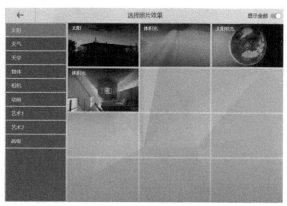

图7-180

这里正好是面对太阳的角度，可以添加一个"镜头光晕"特效。单击加载"镜头光晕"特效，如图7-181所示。

观察画面可以发现，场景边缘部分的模型由于角度问题存在被倾斜拉伸的情况，可以通过"2点透视"特效来校正。单击加载"2点透视"特效并开启特效开关，将"数量"参数值调至最大，如图7-182所示。

图7-181

图7-182

观察画面发现，场景的前景和远景都比较空，中景还算丰富。进入编辑模式，重点丰富一下前景和远景的内容。

对于远景部分，视角中天空占据的部分相当大，而天空中也有部分云的画面，如果继续丰富内容，可以选择加鸟类或者飞行器类的模型。开启人和动物模型库，在其中可以找到部分鸟类的模型，如图7-183所示。

选择好鸟类模型后，放置在场景较远处，这里放置模型必须有依附的面才行，不能凭空放置，因此鸟类模型刚开始都是直接放置在地面的位置，如图7-184所示。

放置好后通过"选择"选项 中的"向上移动"选项 ，将鸟类模型的高度调整至合适的位置，如图7-185所示。可以看出放置的鸟类模型在画面中看起来很小、很不明显，可以再添加一些比较大的模型，如热气球等。打开交通工具飞行器模型库，如图7-186所示。

图7-184

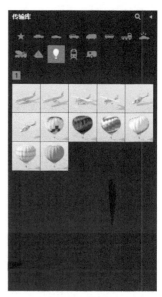

图7-183

图7-185

图7-186

使用与放置鸟类模型同样的方法放置热气球，完成效果如图7-187所示。处理好远景部分之后，可以打开拍照模式预览现在的效果，如图7-188所示。

图7-187

图7-188

画面中的前景部分还是比较空，可以放置一些海滩上的模型，如沙滩椅和人物模型，如图7-189所示。

还可以给场景加一个"暗角"特效，使画面边缘变暗，产生一些明暗变化，如图7-190所示。

最后还可以加一个"模拟色彩实验室"特效，给整体画面加一个滤镜，如图7-191所示。

图7-189

图7-190

图7-191

完成这一系列操作后，基本就可以渲染出图了。单击"渲染"选项设置渲染参数，如图7-192所示。

图7-192

因为这里用了"景深"特效，所以就不需要渲染深度图了，渲染后的效果如图7-193所示。

如果觉得效果不够理想，可以参照前面室内效果后期的方法处理。

将效果图导入Photoshop中，然后依次导入高光反射通道图和灯光通道图，将两个图层放置在原效果图图层上方，接着将"高光反射通道图"图层的"混合模式"改为"滤色"，"灯光通道图"图层的"混合模式"改为"柔光"，最后使用Photoshop中的Camera Raw调整整体的色调，效果如图7-194所示。

图7-193　　　　　　　　　　　　　　　图7-194

2."日光效果"风格

本镜头视角定在能看到海边景观的部分，如图7-195所示。上一部分讲解了"黎明"风格的特效，这部分选择"日光效果"风格来讲解。打开特效库，单击加载"日光效果"风格，如图7-196所示。

图7-195　　　　　　　　　　　　　　　图7-196

在修改特效参数时，可以先确定这个镜头要表现怎样的一个风格和色调，确定好需要的风格后，再针对每一个特效参数进行调节。此处确定为上午晴天的效果，以此作为参考来调整各项特效的详细参数。可以看到画面中加载日光效果后，整体画面效果已经很不错了，这时再进行部分微调就可以使效果更进一步。

这里天空的效果比较干净，基本可以不用再调整"真实天空"特效，如果更换其他的天空素材，可能会使画面变得凌乱和烦琐。但是这里可以通过调整天空素材的位置，调节画面中阴影的位置，调节后如图7-197所示。

"锐利"特效也是可以给一部分参数值，调整后如图7-198所示。

观察场景可以看出，场景整体亮度还是比较足的，因此这里不需要再使用"曝光度"特效对画面进行提亮。

技巧与提示

每次调整时都会给"锐利"特效加部分参数值，虽然预览时不怎么看得出来，但渲染出图时就会发现和没有加入"锐利"特效的图有相当大的区别，所以为了画面效果，每次调整都应添加部分"锐利"特效。

图7-197

图7-198

　　"颜色校正"特效可以将画面整体的色温提高，此处将"颜色校正"和"对比度"参数值适当提高，将"饱和度"参数值适当降低，调整后效果如图7-199所示。

　　"反射"特效在画面中有水的部分会用到，其他部分的面基本是用不到反射的。单击画笔图标并选择水面部分，然后保存选取的反射平面，并将预览质量调至最高，调整后的效果如图7-200所示。这时就可以看到水面上有部分倒影出现。

图7-199

图7-200

技巧与提示

　　如果不使用"反射"特效，Lumion中的水默认不会有倒影效果，因此类似水和玻璃等有反射效果的材质都需要添加一个反射面，才能做出反射的效果。

　　"超光"特效主要是针对光线不足、画面偏暗时的场景，这里可以不做调整。

　　"天空光"特效仍旧需要开启"天空光照在平面反射中"和"天空光在投影反射中"两个参数，并适当降低"饱和度"参数值，使画面暗部的饱和度降低一些，调整后效果如图7-201所示。

　　"阴影"特效可以将"室内/室外"参数调整为"室外"，其他保持默认，调整后效果如图7-202所示。

图7-201

图7-202

　　调整"景深"特效时，可以将重点集中在画面右侧这条通往远处的路上，调整景深的"对焦距离"，调整时可以先把"数量"参数值拉满，如图7-203所示。调整好对焦位置后，再将景深的"数量"参数值相应调低，使远处的背景有一定的虚化效果，调整后效果如图7-204所示。

图7-203 图7-204

完成"日光效果"风格基本特效的调整后,打开特效库,在特效库中选取部分特效加入,使画面效果更进一步。可以从视图开始调整,先给一个"2点透视"特效,如图7-205所示。

调整完画面的视角后,这张效果图基本就没有什么需要调整的了。如果还想加滤镜,可以加载一个"模拟色彩实验室"特效,在设置面板中调整滤镜,效果如图7-206所示。

图7-205 图7-206

完成参数调节后,采用同样的方法调整出图参数及出图时带的各种后期要用到的工具图。若不需要后期处理,渲染时可以不选取其他的工具图。渲染完成后,效果如图7-207所示。

图7-207

3. "现实的"风格

第3个视角选择场景中的一处节点位置,如图7-208所示。

图7-208

这里尝试特效库中的"现实的"风格特效,如图7-209所示。加载"现实的"风格特效,如图7-210所示。

图7-209

图7-210

"真实天空"特效选择Cloudy（多云）分类中一个天空中云相对少一点的天空素材，如图7-211所示。加载这个天空素材后，适当调整天空素材的位置，效果如图7-212所示。

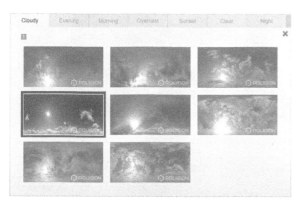

图7-211

图7-212

"锐利"特效同样给一部分参数值，这次可以尝试稍微多提高一下参数值，调整后效果如图7-213所示。因为场景整体灯光充足，所以这里的"曝光度"特效保持默认就可以。

调整"颜色校正"特效，这里将画面整体的"温度"和"对比度"参数值适当提高，"饱和度"参数值适当降低，调整后效果如图7-214所示。本场景基本没有什么反射材质，因此可以不用调整"反射"特效。

图7-213

图7-214

本场景虽然光线相对比较充足，但画面有些偏暗，可以稍微调整"超光"特效，将"数量"参数值调高一些，调整后效果如图7-215所示。

"天空光"特效还是开启"天空光照在平面反射中"和"天空光在投射反射中"两个参数，适当提高天空光的亮度，调整后效果如图7-216所示。

图7-215　　　　　　　　　　　　　　　　图7-216

在"阴影"特效中，将"室内/室外"参数调整至"室外"，可以看到画面中树木的阴影很暗，将阴影的"亮度"和"染色"参数值都适当调高，调整后效果如图7-217所示。

调整"景深"特效，这里可以将重点集中在画面中前景中的植物上，调整"景深"特效中的"对焦距离"，调整后效果如图7-218所示。

图7-217　　　　　　　　　　　　　　　　图7-218

调整完后，可以看到画面还是没有什么特点，这里再加一个"太阳"特效和一个"体积光"特效。先加入"太阳"特效，可以先不调整参数，如图7-219所示。

图7-219

再加入"体积光"特效，选择特效库中"太阳"分类中的最后一个"体积光"特效，如图7-220所示。加入"体积光"特效后，效果如图7-221所示。

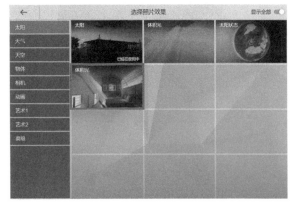

图7-220　　　　　　　　　　　　　　　　图7-221

可以看到体积光的效果非常强，画面已经曝光过度了，可以适当调低体积光的"亮度"，调整后效果如图7-222所示。这时再回到"太阳"特效中去调节太阳的位置，效果如图7-223所示。

图7-222

图7-223

按照惯例，这里也可以加一个"2点透视"特效，加载后效果如图7-224所示。

如果觉得光感不够强，可以再次调节太阳的位置，调整画面视角的前方区域，调整后效果如图7-225所示。到这里，基本的参数调节就完成了。最后渲染出图，效果如图7-226所示。

图7-224

图7-225

图7-226

4．"夜晚"风格

这里选择一个靠海边的走廊来演示"夜晚"风格，如图7-227所示。

场景中没有灯光模型，因此如果直接做夜晚特效，场景中会是一片黑，没有主体部分。所以在做夜晚特效前，需要先在场景中布置部分灯光，突出画面的主体部分，同时使画面有一个明暗对比。进入编辑模式并选择"天气"选项，如图7-228所示。

图7-227

图7-228

将太阳位置调低，使场景整体变成夜晚，这样方便放置灯光模型时实时预览灯光效果，如图7-229所示。

回到"物体"选项，打开灯光模型库，如图7-230所示。在灯光模型中先选择面光源，将走廊整体调亮，如图7-231所示。然后再选择射灯模型，将周围的树模型打亮，如图7-232所示。

图7-229

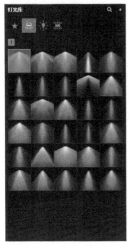

图7-230

图7-231

图7-232

进入拍照模式并加载"夜晚"风格特效，如图7-233所示。可以看到加载"夜晚"特效后，画面的整体效果已经很不错了。

图7-233

技巧与提示

从场景中可以看出，这里的走廊只有光而没有光源灯具模型，这是因为整个场景比较大，大型场景建模时，建模深度通常不会这么深。如果要将效果图表现得更精致，可以在建模阶段就把灯光模型放上去，也可以在确定好镜头后，在看得到的地方添加灯具模型，方法有很多，可以多尝试。

有了基础灯光后，就可以开始逐个调整特效参数了，先从"太阳"特效开始，单击打开参数设置面板，如图7-234所示。尽管是"夜晚"风格的特效，但画面中的整体光线还是比较亮的，背后的天空也比较亮，可以将"太阳高度"和"太阳亮度"适当降低，使天空再暗一点，如图7-235所示。

图7-234

图7-235

"锐利"特效依旧是调整一部分参数值，如图7-236所示。

调整"曝光度"特效，这里可以保持默认的参数值，也可以将参数值调低至0.6左右，调整后效果如图7-237所示。

图7-236

图7-237

调整"颜色校正"特效，适当调高"对比度"参数值，调低"饱和度"参数值，再添加部分"颜色校正"参数值，调整完成后的效果如图7-238所示。这个场景基本也是用不到"反射"特效，因此这里保持默认参数值即可。

"超光"特效主要用于扩大天空光照对环境的影响，由于是夜晚场景，天空光照较弱，即使调整了参数，对场景的影响也是极其微弱的，因此保持默认即可。

"天空光"特效中的"亮度"和"饱和度"参数对场景最直观的影响就是阴影颜色，在预览图中可以看到场景中的阴影部分大致呈现偏蓝色的色调，如图7-239所示。

图7-238

图7-239

这里可以将"饱和度"参数值适当降低，然后开启"天空光照在平面反射中"和"天空光在投射反射中"两个参数，调整后效果如图7-240所示。

对于"阴影"特效，只需要将"室内/室外"参数调整为"室外"，调整后效果如图7-241所示。一般夜晚效果图不需要景深，除非是有近距离特写镜头，本场景可以不用添加"景深"特效。

图7-240

图7-241

完成基本参数调整后观察预览效果，如图7-242所示。

此时可以分析画面的灯光、颜色和背景，可以看到天空的效果不太理想，整体天空都是深蓝色，而且整体色彩饱和度偏高了一点。

先从天空开始改，这里可以加一个"真实天空"特效。单击打开"真实天空"特效，在天空素材库中找到Night（夜晚）的天空素材，如图7-243所示。

图7-242

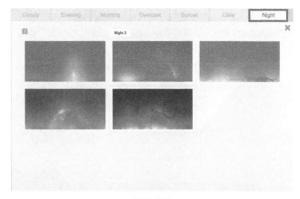

图7-243

选择Night（夜晚）天空素材库中的第1个素材，这个素材相比其他素材要更素一点，天空更干净，单击加载天空素材并调节天空素材的位置，效果如图7-244所示。

调整完天空素材后会发现地平线位置的天空比较黑，可以使用"雾气"特效来提亮。打开特效库加载"雾气"特效，将"雾气亮度"提高，调整后效果如图7-245所示。

图7-244

图7-245

加载"模拟色彩实验室"特效，调整后效果如图7-246所示。这里还可以加一个"暗角"特效，调整后效果如图7-247所示。

图7-246

图7-247

完成基本的色彩调整后，再加载一个"2点透视"特效调整画面的视角，调整后效果如图7-248所示。

图7-248

到这里就调整完了，可以渲染出图了，如果需要后期处理，可以选择一些工具图一起渲染，直接出图效果如图7-249所示。

有时候Lumion出图后的效果比出图前的预览画面要暗一些，这时可以通过调整"曝光度"特效来提亮画面，调整后效果如图7-250所示。

图7-249

图7-250

7.3.2　室外动画制作

在已经制作好的海滨公园场景模型上制作动画。先把动画的展示路径规划好，然后录制各个镜头的路径，最后细化部分镜头制作一些特别的镜头效果。

先将镜头拉到顶部可以俯瞰全景的位置截一张图，在截图中事先规划好需要展示的节点，根据场景中节点的重要性分好先后顺序依次来录制镜头，如图7-251所示。

图7-251

技巧与提示

一个整体区域的动画展示，通常会包含多个镜头和多段动画。作文结构通常有总分式结构、并列式结构、分论点列述式和对照式结构，而动画展示同样可以运用这样的理论。展示视频用得最多的是总分式结构，首先用一个镜头展示全景，再用多个分镜头展示各个节点位置，最后再用一个展示全景的镜头来作为结尾，也可以用一个静帧动画来结尾。

第1个通过一个鸟瞰镜头展示全景。通常情况下，场景较大时可以通过镜头平移来展示全景，场景较小时可以通过旋转镜头来展示全景。这里场景比较大，可以通过镜头横向平移来展示全景，如图7-252所示。

图7-252

录制完镜头后可以加载一个系统自带的"日光效果"风格特效，按自己的喜好进行部分微调，调整后效果如图7-253所示。

图7-253

第2个镜头录制广场中心位置的节点，镜头模拟从广场走到接近海边的位置，如图7-254所示。

录制完镜头后可以加入一些特效库中的特效，进行部分微调，调整后效果如图7-255所示。

图7-254

图7-255

图7-256

第3个镜头如图7-256所示。录制完镜头后可以加载一个"现实的"风格特效，进行部分微调，调整后效果如图7-257所示。

图7-257

图7-258

第4个镜头如图7-258所示。录制完镜头后可以加载一个"日光效果"风格特效，进行部分微调，调整后效果如图7-259所示。

图7-259

图7-260

第5个镜头如图7-260所示。录制完镜头后自己尝试添加一些特效，进行部分微调，调整后效果如图7-261所示。

图7-261

图7-262

第6个镜头如图7-262所示。录制完镜头后可以直接选择"现实的"风格的特效，进行部分微调，调整后效果如图7-263所示。

图7-263

第7个镜头如图7-264所示。录制完镜头后可以直接选择"现实的"风格的特效，进行部分微调，调整后效果如图7-265所示。

图7-264　　　　　　　　　　　　　　图7-265

第8个镜头作为结尾的片段，可以做一段海边日落的镜头，如图7-266所示。

录制完镜头后选择一些特效并进行调整，尝试往日落效果的方向调整特效参数，调整后效果如图7-267所示。

图7-266　　　　　　　　　　　　　　图7-267

完成所有动画路径的录制后，单击选择整个动画选项预览整段动画，如图7-268所示。

预览完整段动画后，如果确认无误，就可以单击"渲染"选项进行视频输出了，输出设置如图7-269所示。

图7-268　　　　　　　　　　　　　　图7-269

preview window to upfilter

第**8**章 Lumion 特效参数

通过学习其他优秀的案例特效，可以不断完善自己的参数设置，从而极大地提高作图的效率。本章将讲解一些比较通用的特效参数，读者可以将这些特效参数直接应用到实际，也可以根据自身需要进行改动，使其更加适合自己的作图习惯。

◆ 本章学习目标

1.了解Lumion通用的整套特效

2.学会根据特效详细参数直接进行套用

8.1 基础介绍

各版本的Lumion软件都默认自带8个完整度较高的特效参数，分别是"现实的""室内""黎明""日光效果""夜晚""阴沉""颜色素描""水彩"，如图8-1所示。

图8-1

Lumion特效库中共有77个可调整的特效参数，通过不同的组合及各个参数的搭配，可以做出各种各样的特效，有非常多的可能，而每一次调出来的画面效果也不可能完全一样，但可以保存之前调好的特效文件，在下次需要用到时直接加载即可。下面通过Lumion中自带的范斯沃斯住宅场景文件来展示几个较为通用的效果参数，保存一个室内场景和一个室外场景用于展示室内外的效果，如图8-2和图8-3所示。

图8-2

图8-3

8.2 室内特效参数

8.2.1 室内多云特效

这个特效用到了16个特效参数，如图8-4和图8-5所示。

"漂白"特效参数值如图8-6所示。

"太阳"参数一般根据场景来调，这里不用过多参考，如图8-7所示。

"暗角"特效参数值如图8-8所示。

图8-4

图8-5

图8-7

图8-6

图8-8

"天空光"特效参数值如图8-9所示。

"体积光"特效参数值如图8-10所示。

"颜色校正"特效参数值如图8-11所示。

图8-9

图8-10

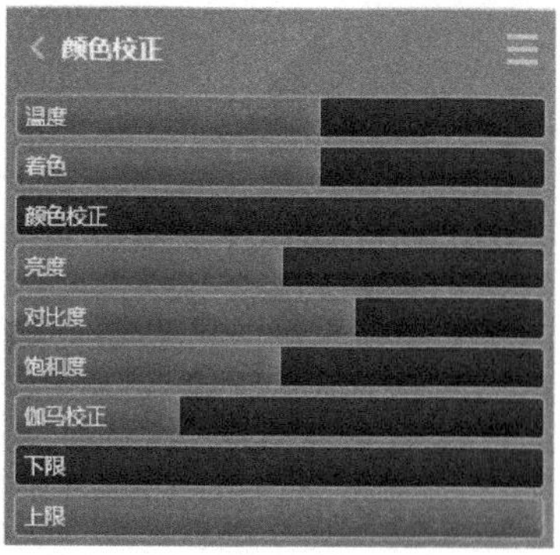

图8-11

"曝光度"特效参数值如图8-12所示，这里的参数值仅供参考，可以根据实际场景来调整。

"模拟色彩实验室"特效参数值如图8-13所示。

"雾气"特效参数值如图8-14所示。

图8-12

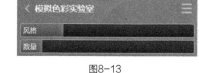

图8-13

图8-14

图8-15

图8-16

图8-17

"镜头光晕"特效参数值如图8-15所示。

"真实天空"特效参数值如图8-16所示。

"2点透视"特效参数值如图8-17所示。

"反射"特效参数值如图8-18所示。

"锐利"特效参数值如图8-19所示。

"阴影"特效参数值如图8-20所示。

图8-18

图8-19

图8-20

"超光"特效参数值如图8-21所示。

调整完的效果如图8-22所示。

图8-21

图8-22

8.2.2 室内黄昏特效

室内黄昏特效用到了15个特效参数，如图8-23和图8-24所示。

"漂白"特效参数值如图8-25所示。

图8-23

图8-24

图8-25

"模拟色彩实验室"特效参数值如图8-26所示。

"秋季颜色"特效参数值如图8-27所示。

"天空和云"特效参数值如图8-28所示。

图8-26

图8-27

图8-28

"太阳"特效参数值如图8-29所示。

"2点透视"特效参数值如图8-30所示。

"锐利"特效参数值如图8-31所示。

图8-29

图8-30

图8-31

"曝光度"特效参数值如图8-32所示。

"颜色校正"特效参数值如图8-33所示。

"反射"特效参数值如图8-34所示。

图8-32

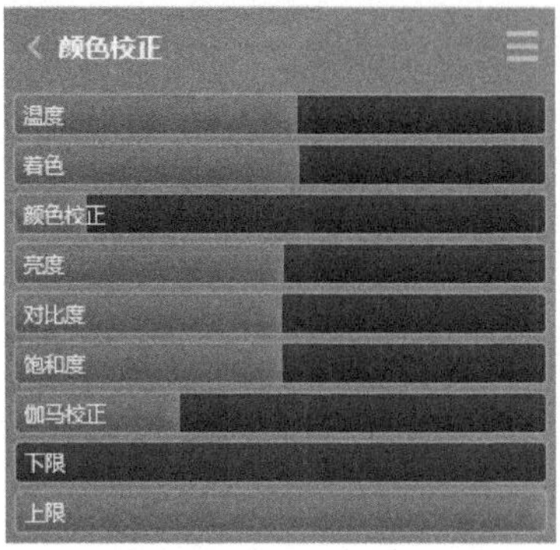

图8-33

图8-34

"超光"特效参数值如图8-35所示。

"天空光"特效参数值如图8-36所示。

"阴影"特效参数值如图8-37所示。

图8-35

图8-36

图8-37

"色散"特效参数值如图8-38所示。

"景深"特效参数值如图8-39所示。

调整完的效果如图8-40所示。

图8-38

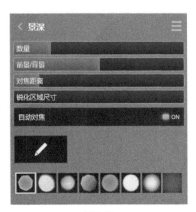

图8-39

图8-40

8.2.3 室内阳光特效

室内阳光特效用到了12个特效参数，如图8-41和图8-42所示。

"颜色校正"特效参数值如图8-43所示。

"镜头光晕"特效参数值如图8-44所示。

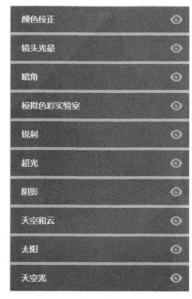

图8-41

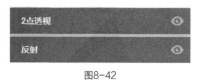

图8-42

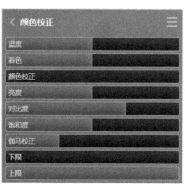

图8-43

图8-44

"暗角"特效参数值如图8-45所示。

"模拟色彩实验室"特效参数值如图8-46所示。

"锐利"特效参数值如图8-47所示。

图8-45

图8-46

图8-47

"超光"特效参数值如图8-48所示。

"阴影"特效参数值如图8-49所示。

"天空和云"特效参数值如图8-50所示。

图8-48

图8-49

图8-50

"太阳"特效参数值如图8-51所示。

"天空光"特效参数值如图8-52所示。

图8-51

图8-52

"2点透视"特效参数值如图8-53所示。

"反射"特效参数值如图8-54所示。

调整完的效果如图8-55所示。

图8-53

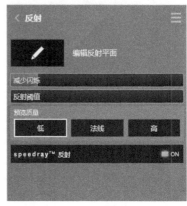

图8-54

图8-55

8.2.4 室内夜晚特效

　　室内夜晚特效需要在室内放置部分灯光模型，这里只做纯特效不做灯光制作展示，这个特效用到了15个特效参数，如图8-56和图8-57所示。

图8-56

图8-57

　　"太阳状态"特效参数值如图8-58所示。

　　"月亮"特效参数值如图8-59所示。

　　"全局光"特效需要对灯光模型进行调整，参数值如图8-60所示。

　　"颜色校正"特效参数值如图8-61所示。

　　"暗角"特效参数值如图8-62所示。

图8-58

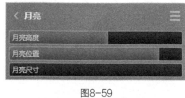

图8-59

图8-60

图8-61

图8-62

"镜头光晕"特效参数值如图8-63所示。

"模拟色彩实验室"特效参数值如图8-64所示。

"锐利"特效参数值如图8-65所示。

"超光"特效参数值如图8-66所示。

"阴影"特效参数值如图8-67所示。

图8-63

图8-64

图8-65

图8-66

图8-67

"天空和云"特效参数值如图8-68所示。

"天空光"特效参数值如图8-69所示。

"太阳"特效参数值如图8-70所示。

"2点透视"特效参数值如图8-71所示。

图8-68

图8-69

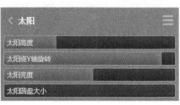

图8-70

图8-71

"反射"特效参数值如图8-72所示。

调整完的效果如图8-73所示。

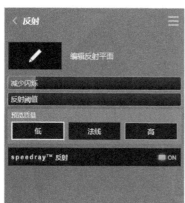

图8-72

图8-73

8.2.5　室内天光特效

室内天光特效用到了17个特效参数，如图8-74和图8-75所示。

"体积光"特效参数值如图8-76所示。

图8-74

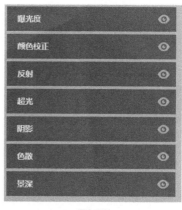

图8-75

图8-76

"天空光"特效参数值如图8-77所示。

"太阳"特效参数值如图8-78所示。

图8-77

图8-78

"镜头光晕"特效参数值如图8-79所示。

"选择饱和度"特效参数值如图8-80所示。

"秋季颜色"特效参数值如图8-81所示。

图8-79

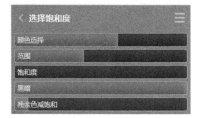

图8-80

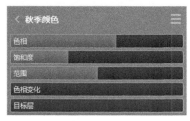

图8-81

"天空和云"特效参数值如图8-82所示。

"沉淀"特效参数值如图8-83所示。

图8-82

图8-83

"2点透视"特效参数值如图8-84所示。

"锐利"特效参数值如图8-85所示。

"曝光度"特效参数值如图8-86所示。

图8-84

图8-85

图8-86

"颜色校正"特效参数值如图8-87所示。

"反射"特效参数值如图8-88所示。

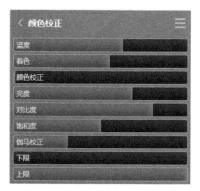

图8-87

图8-88

"超光"特效参数值如图8-89所示。

"阴影"特效参数值如图8-90所示。

"色散"特效参数值如图8-91所示。

图8-89

图8-90

图8-91

"景深"特效参数值如图8-92所示。

调整完的效果如图8-93所示。

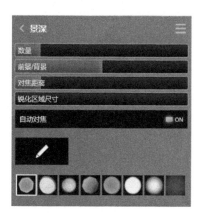

图8-92

图8-93

8.3 室外特效参数

8.3.1 室外阳光特效

图8-94

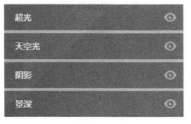

图8-95

这个特效用到了14个特效参数,如图8-94和图8-95所示。

"选择饱和度"特效参数值如图8-96所示。

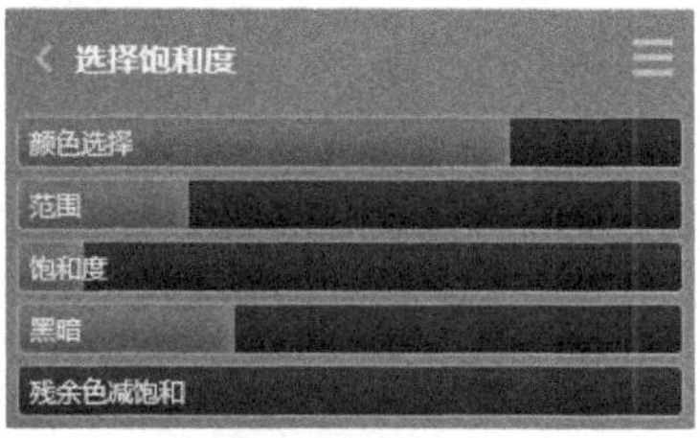

图8-96

"模拟色彩实验室"特效参数值如图8-97所示。

"2点透视"特效参数值如图8-98所示。

"雾气"特效参数值如图8-99所示。

图8-97

图8-98

图8-99

"体积光"特效参数值如图8-100所示。

"太阳"特效参数值如图8-101所示。

"锐利"特效参数值如图8-102所示。

图8-100

图8-101

图8-102

"曝光度"特效参数值如图8-103所示。

"颜色校正"特效参数值如图8-104所示。

"反射"特效参数值如图8-105所示。

图8-103

图8-104

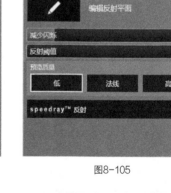

图8-105

"超光"特效参数值如图8-106所示。

"天空光"特效参数值如图8-107所示。

"阴影"特效参数值如图8-108所示。

图8-106

图8-107

图8-108

"景深"特效参数值如图8-109所示。

调整完的效果如图8-110所示。

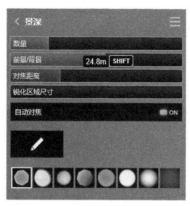

图8-109

图8-110

8.3.2 室外黄昏特效

室外黄昏特效用到了16个特效参数，如图8-111和图8-112所示。

"镜头光晕"特效参数值如图8-113所示。

图8-111

图8-112

图8-113

"雾气"特效参数值如图8-114所示。

"漂白"特效参数值如图8-115所示。

"模拟色彩实验室"特效参数值如图8-116所示。

图8-114

图8-115

图8-116

"天空和云"特效参数值如图8-117所示。

"太阳"特效参数值如图8-118所示。

"2点透视"特效参数值如图8-119所示。

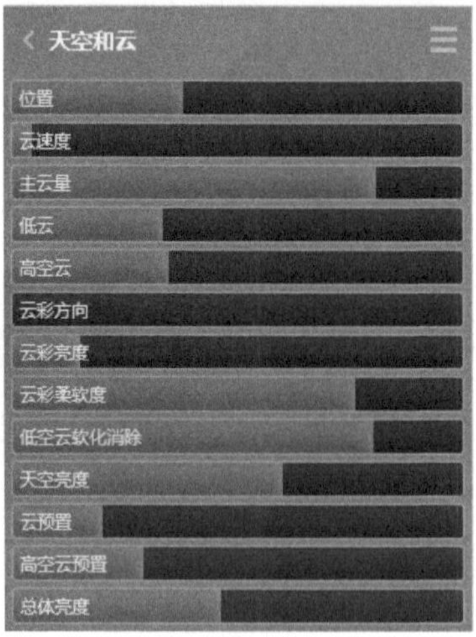

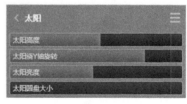

图8-117

图8-118

图8-119

"锐利"特效参数值如图8-120所示。

"曝光度"特效参数值如图8-121所示。

"颜色校正"特效参数值如图8-122所示。

"反射"特效参数值如图8-123所示。

图8-120

图8-121

图8-122

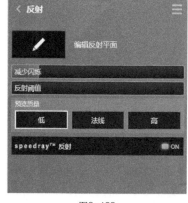

图8-123

"超光"特效参数值如图8-124所示。

"天空光"特效参数值如图8-125所示。

"阴影"特效参数值如图8-126所示。

图8-124

图8-125

图8-126

"色散"特效参数值如图8-127所示。

"景深"特效参数值如图8-128所示。

图8-127

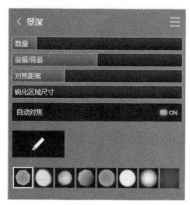

图8-128

调整完的效果如图8-129所示。

图8-129

8.3.3 室外夜晚特效

室外夜晚特效用到了16个特效参数，如图8-130和图8-131所示。
"全局光"特效参数值如图8-132所示。

图8-130

图8-131

图8-132

"秋季颜色"特效参数值如图8-133所示。
"选择饱和度"特效参数值如图8-134所示。
"曝光度"特效参数值如图8-135所示。

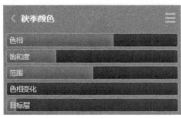

图8-133

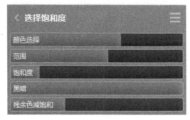

图8-134

图8-135

"模拟色彩实验室"特效参数值如图8-136所示。

"颜色校正"特效参数值如图8-137所示。

"暗角"特效参数值如图8-138所示。

"泛光"特效参数值如图8-139所示。

"锐利"特效参数值如图8-140所示。

图8-136

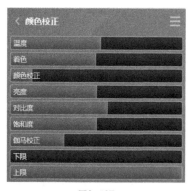

图8-137

图8-138

图8-139

图8-140

"雾气"特效参数值如图8-141所示。

"真实天空"特效参数值如图8-142所示。

"反射"特效参数值如图8-143所示。

图8-141

图8-142

图8-143

"超光"特效参数值如图8-144所示。

"天空光"特效参数值如图8-145所示。

"阴影"特效参数值如图8-146所示。

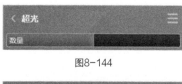

图8-144

图8-145

图8-146

"2点透视"特效参数值如图8-147所示。

调整完的效果如图8-148所示。

图8-147

图8-148

8.3.4 室外阴天特效

室外阴天特效用到了14个特效参数，如图8-149和图8-150所示。

"镜头光晕"特效参数值如图8-151所示。

图8-149

图8-150

图8-151

"2点透视"特效参数值如图8-152所示。

"雾气"特效参数值如图8-153所示。

图8-152

图8-153

"天空和云"特效参数值如图8-154所示。

"太阳"特效参数值如图8-155所示。

"锐利"特效参数值如图8-156所示。

图8-154

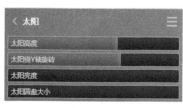

图8-155

图8-156

"曝光度"特效参数值如图8-157所示。

"颜色校正"特效参数值如图8-158所示。

"反射"特效参数值如图8-159所示。

图8-157

图8-158

图8-159

"超光"特效参数值如图8-160所示。

"天空光"特效参数值如图8-161所示。

"阴影"特效参数值如图8-162所示。

图8-160

图8-161

图8-162

"色散"特效参数值如图8-163所示。

图8-163

"景深"特效参数值如图8-164所示。

调整完的效果如图8-165所示。

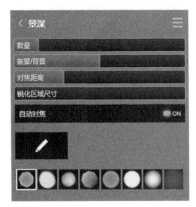

图8-164

图8-165

8.3.5 室外天光特效

图8-166

图8-167

室外天光特效用到了20个特效参数，如图8-166和图8-167所示。

"锐利"特效参数值如图8-168所示。

图8-168

"暗角"特效参数值如图8-169所示。

"泛光"特效参数值如图8-170所示。

"颜色校正"特效参数值如图8-171所示。

图8-169

图8-171

图8-170

"雾气"特效参数值如图8-172所示。

"天空光"特效参数值如图8-173所示。

"反射"特效参数值如图8-174所示。

图8-172

图8-173

图8-174

"超光"特效参数值如图8-175所示。

"阴影"特效参数值如图8-176所示。

"2点透视"特效参数值如图8-177所示。

"色散"特效参数值如图8-178所示。

图8-175

图8-176

图8-177

图8-178

"镜头光晕"特效参数值如图8-179所示。

"景深"特效参数值如图8-180所示。

图8-179

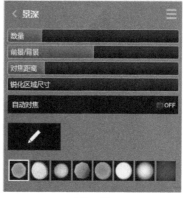

图8-180

"曝光度"特效参数值如图8-181所示。

"沉淀"特效参数值如图8-182所示。

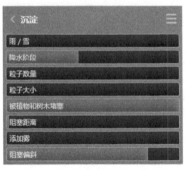

图8-181   图8-182

"真实天空"特效参数值如图8-183所示。

"太阳"特效参数值如图8-184所示。

"选择饱和度"特效参数值如图8-185所示。

图8-183   图8-184   图8-185

"漂白"特效参数值如图8-186所示。

"模拟色彩实验室"特效参数值如图8-187所示。

调整完的效果如图8-188所示。

图8-186   图8-187

图8-188

8.3.6　室外雨天特效

室外雨天特效用到了19个特效参数，如图8-189和图8-190所示。

"雾气"特效参数值如图8-191所示。

"太阳"特效参数值如图8-192所示。

"镜头光晕"特效参数值如图8-193所示。

图8-189

图8-190

图8-191

图8-192

图8-193

"体积光"特效参数值如图8-194所示。

"体积光"特效参数值如图8-195所示。

"选择饱和度"特效参数值如图8-196所示。

图8-194

图8-195

图8-196

"秋季颜色"特效参数值如图8-197所示。

"天空和云"特效参数值如图8-198所示。

"沉淀"特效参数值如图8-199所示。

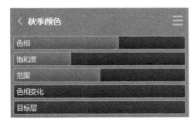

图8-197

图8-198

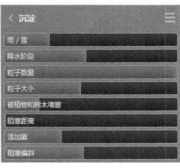

图8-199

"2点透视"特效参数值如图8-200所示。

"锐利"特效参数值如图8-201所示。

"曝光度"特效参数值如图8-202所示。

图8-200

图8-201

图8-202

"颜色校正"特效参数值如图8-203所示。

"反射"特效参数值如图8-204所示。

"超光"特效参数值如图8-205所示。

"天空光"特效参数值如图8-206所示。

图8-205

图8-203

图8-204

图8-206

"阴影"特效参数值如图8-207所示。

"色散"特效参数值如图8-208所示。

"景深"特效参数值如图8-209所示。

图8-207

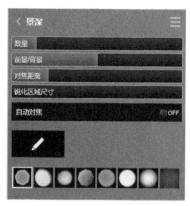

图8-208

图8-209

调整完的效果如图8-210所示。

图8-210

8.3.7 室外雪天特效

图8-211

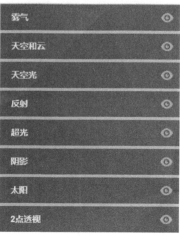

图8-212

室外雪天特效用到了18个特效参数，如图8-211和图8-212所示。

"曝光度"特效参数值如图8-213所示。

图8-213

"秋季颜色"特效参数值如图8-214所示。

"沉淀"特效参数值如图8-215所示。

"选择饱和度"特效参数值如图8-216所示。

图8-214

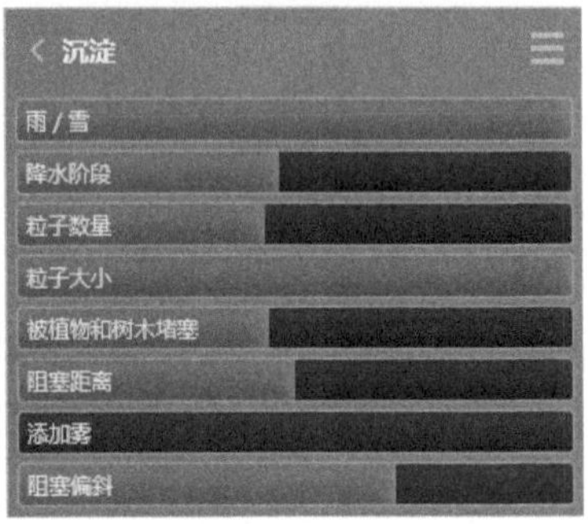

图8-215

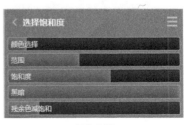

图8-216

"漂白"特效参数值如图8-217所示。

"模拟色彩实验室"特效参数值如图8-218所示。

"锐利"特效参数值如图8-219所示。

图8-217

图8-218

图8-219

"暗角"特效参数值如图8-220所示。

"泛光"特效参数值如图8-221所示。

"颜色校正"特效参数值如图8-222所示。

"雾气"特效参数值如图8-223所示。

图8-220

图8-221

图8-222

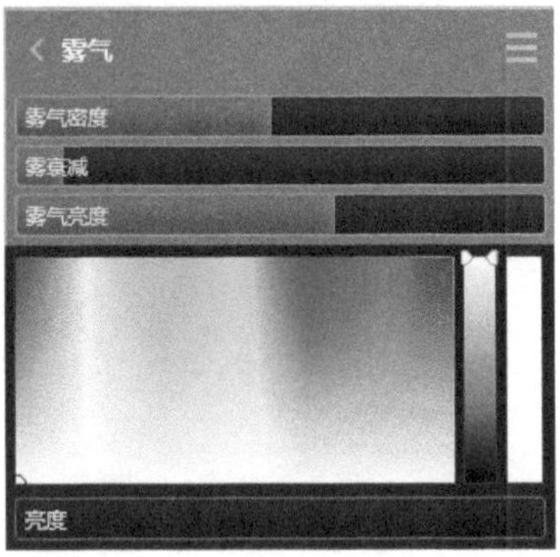

图8-223

"天空和云"特效参数值如图8-224所示。

"天空光"特效参数值如图8-225所示。

"反射"特效参数值如图8-226所示。

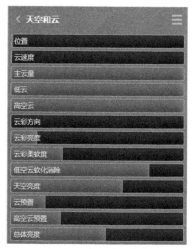

图8-224

图8-225

图8-226

"超光"特效参数值如图8-227所示。

"阴影"特效参数值如图8-228所示。

"太阳"特效参数值如图8-229所示。

图8-227

图8-228

图8-229

"2点透视"特效参数值如图8-230所示。

调整完的效果如图8-231所示。

图8-230

图8-231

8.3.8 室外雨后特效

图8-232

图8-233

室外雨后特效用到了19个特效参数，如图8-232和图8-233所示。

"太阳"特效参数值如图8-234所示。

图8-234

"镜头光晕"特效参数值如图8-235所示。

"体积光"特效参数值如图8-236所示。

"体积光"特效参数值如图8-237所示。

"手持相机"特效参数值如图8-238所示。

图8-235

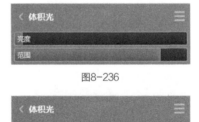

图8-236

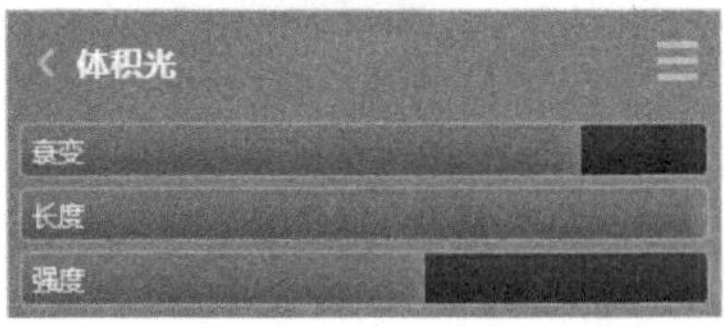

图8-238

图8-237

"选择饱和度"特效参数值如图8-239所示。

"秋季颜色"特效参数值如图8-240所示。

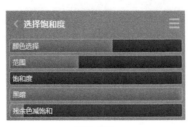

图8-239

图8-240

"天空和云"特效参数值如图8-241所示。

"沉淀"特效参数值如图8-242所示。

"2点透视"特效参数值如图8-243所示。

图8-241

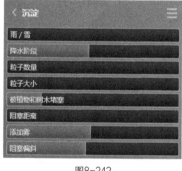

图8-242

图8-243

"锐利"特效参数值如图8-244所示。

"曝光度"特效参数值如图8-245所示。

图8-244

图8-245

"颜色校正"特效参数值如图8-246所示。

"反射"特效参数值如图8-247所示。

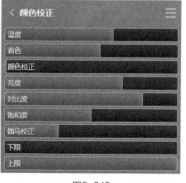

图8-246

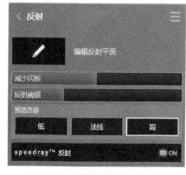

图8-247

"超光"特效参数值如图8-248所示。

"天空光"特效参数值如图8-249所示。

"阴影"特效参数值如图8-250所示。

图8-248

图8-249

图8-250

"色散"特效参数值如图8-251所示。

"景深"特效参数值如图8-252所示。

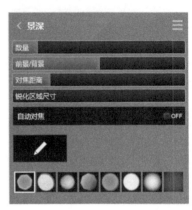

图8-251

图8-252

调整完的效果如图8-253所示。

图8-253

8.3.9 室外早晨特效

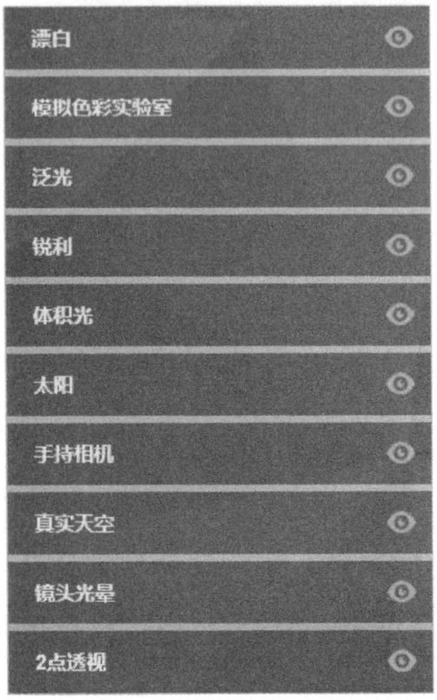

图8-254

图8-255

室外早晨特效用到了19个特效参数，如图8-254和图8-255所示。

"漂白"特效参数值如图8-256所示。

图8-256

"模拟色彩实验室"特效参数值如图8-257所示。

"泛光"特效参数值如图8-258所示。

图8-257

图8-258

"锐利"特效参数值如图8-259所示。

"体积光"特效参数值如图8-260所示。

"太阳"特效参数值如图8-261所示。

图8-259

图8-261

图8-260

"手持相机"特效参数值如图8-262所示。

"真实天空"特效参数值如图8-263所示。

"镜头光晕"特效参数值如图8-264所示。

图8-262

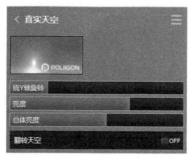

图8-263

图8-264

"2点透视"特效参数值如图8-265所示。

"雾气"特效参数值如图8-266所示。

"曝光度"特效参数值如图8-267所示。

"颜色校正"特效参数值如图8-268所示。

图8-265

图8-266

图8-267

图8-268

"反射"特效参数值如图8-269所示。

"超光"特效参数值如图8-270所示。

"天空光"特效参数值如图8-271所示。

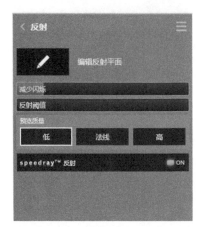

图8-269

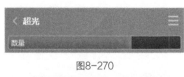

图8-270

图8-272

图8-271

"阴影"特效参数值如图8-272所示。

"色散"特效参数值如图8-273所示。

图8-273

"景深"特效参数值如图8-274所示。

调整完的效果如图8-275所示。

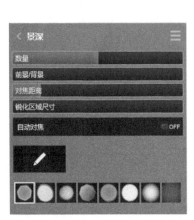

图8-274

图8-275

8.3.10　室外夜晚极光特效

　　室外夜晚极光特效用到了22个特效参数，如图8-276和图8-277所示。

　　"全局光"特效参数值如图8-278所示。

　　"漂白"特效参数值如图8-279所示。

　　"景深"特效参数值如图8-280所示。

图8-276

图8-277

图8-278

图8-279

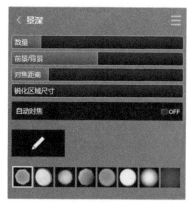

图8-280

　　"色散"特效参数值如图8-281所示。

　　"镜头光晕"特效参数值如图8-282所示。

图8-281

图8-282

"太阳"特效参数值如图8-283所示。

"北极光"特效参数值如图8-284所示。

"秋季颜色"特效参数值如图8-285所示。

图8-283

图8-284

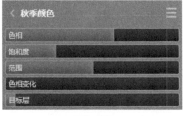

图8-285

"选择饱和度"特效参数值如图8-286所示。

"曝光度"特效参数值如图8-287所示。

"模拟色彩实验室"特效参数值如图8-288所示。

图8-286

图8-287

图8-288

"颜色校正"特效参数值如图8-289所示。

"暗角"特效参数值如图8-290所示。

"泛光"特效参数值如图8-291所示。

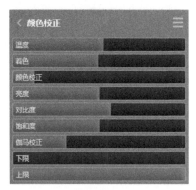

图8-289

图8-290

图8-291

"锐利"特效参数值如图8-292所示。

"雾气"特效参数值如图8-293所示。

"真实天空"特效参数值如图8-294所示。

图8-292

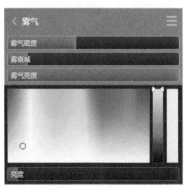

图8-293

图8-294

"反射"特效参数值如图8-295所示。

"超光"特效参数值如图8-296所示。

"天空光"特效参数值如图8-297所示。

"阴影"特效参数值如图8-298所示。

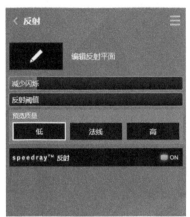

图8-295

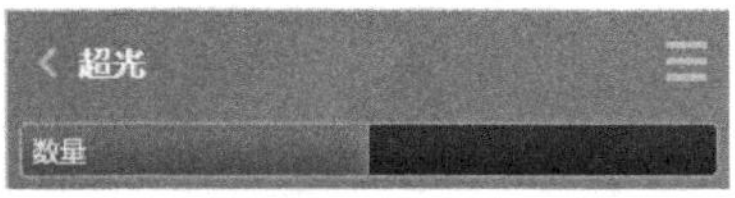

图8-296

图8-297

图8-298

"2点透视"特效参数值如图8-299所示。

调整完的效果如图8-300所示。

图8-299

图8-300

8.4 案例练习

8.4.1 套用室内参数

将自己的室内场景作为主体，套用前面罗列的各种效果，根据场景自身的特点进行微调，最终得到图8-301~图8-305所示的效果。

图8-301

图8-302

图8-303

图8-304

图8-305

8.4.2 套用室外参数

　　将自己的室外场景作为主体，套用前面罗列的各种效果，根据场景自身的特点进行微调，最终得到图8-306~图8-315所示的效果。

图8-306

图8-307

图8-308

图8-309

图8-310

图8-311

图8-312

图8-313

图8-314

图8-315

在练习过程中可以参考以上案例效果，同时发挥自身的创造性对提供的现有特效进行完善和延伸。